口絵 1　ハッブルが銀河系外の天体であることを示したアンドロメダ銀河 M31　→ 45 頁

口絵 2　ハッブル・ウルトラ・ディープ・フィールド (©NASA)
→ 184 頁

口絵 3　ハッブル宇宙望遠鏡への補正レンズ取り付け作業　1993 年
(©NASA)　→ 183 頁

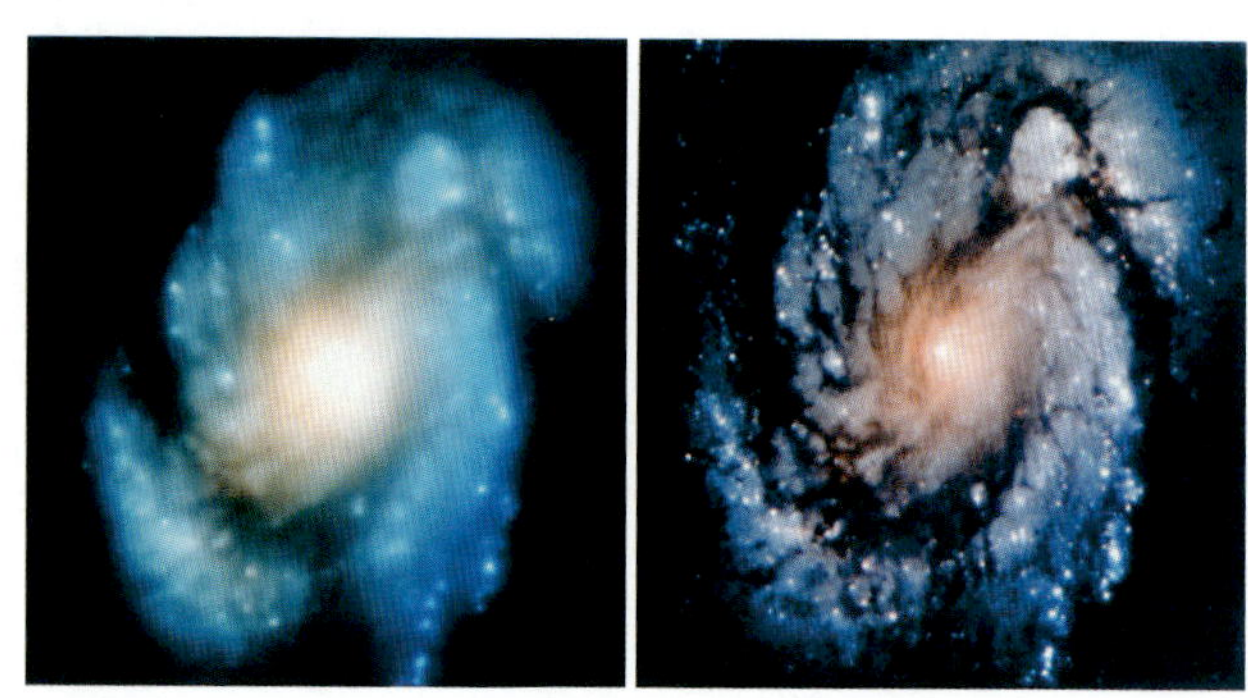

口絵 4　補正レンズ取り付け前(左)と後(右)渦巻銀河 M100 の画像
(©NASA)　→ 184 頁

ハッブル　宇宙を広げた男

家　正則著

岩波ジュニア新書　838

まえがき

1990年4月24日午前8時33分。

スペース・シャトル「ディスカバリー号」は、フロリダ半島のケネディ宇宙センターから、世界中の多くのファンが見守るなか、白煙と轟音、それに周辺の湿地帯から驚いて飛び立った無数の野鳥を残して、ぐんぐんと上昇していきました。

ディスカバリー号には、天文学者たちの期待を背負った「ハッブル宇宙望遠鏡」が搭載されていました。望遠鏡が大気圏外に出ることで、地上の望遠鏡ではできなかった観測ができると期待されていたのです。

しかし、打ち上げ成功の喜びから一転、ハッブル宇宙望遠鏡は大失敗と言われるほど絶望的な状況に陥っていることが判明します。その困難を乗り越え、ＮＡＳＡ（アメリカ航空宇宙局）最大の成功と言われるまでになった経緯は、まるでその名の由来となった天文学者、エドウィン・ハッブルの波瀾万丈の人生を想わせるものでした。

エドウィン・パウエル・ハッブル(1889〜1953年)は、人類の宇宙観を変えた20世紀最大の天文学者です。アンドロメダ大星雲までの距離を測り、我々の地球がある「銀河系」が無数の銀河の1つにすぎないことを示し、銀河の分類法を確立し、さらに「宇宙は膨張している」ことを発見しました。天文学が当時ノーベル賞の対象になっていれば、間違いなく受賞していたことでしょう。

弱冠16歳でシカゴ大学に入学したハンサムでタフガイのハッブルは、学業だけでなく、陸上競技、バスケットボール、ボクシングなどでも秀でた成績を示し、奨学金を獲得して英国に留学し、ちょっとエキセントリックな自己を確立します。

天文学者としての輝かしい業績、ライバルとの確執、ミステリー小説の題材になるような結婚までの経緯、ハリウッド社交界での交友、2度の世界大戦への参加、失意の晩年……。それはまさに、栄光と挫折の人生でした。

本書では、そんなドラマに満ちたハッブルの人生をたどりながら、現代へと続く観測的宇宙論の展開を、同じ分野の後輩天文学者としての筆者の体験も交えつつ、お話ししましょう。

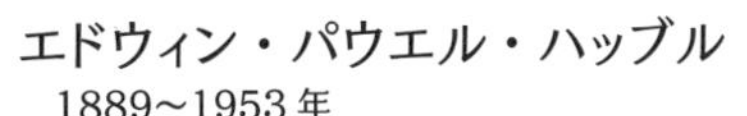

おもな登場人物

エドウィン・パウエル・ハッブル
1889〜1953年

ウィルソン山天文台の天文学者で、20世紀最大の天文学者。アンドロメダ大星雲までの距離を測り、銀河が無数にあることを示し、銀河の分類法を確立。さらに「宇宙は法則にしたがって膨張(ぼうちょう)している」ことを発見。スポーツ万能で容姿にも恵まれたが、屈折した人柄で敵も多かった。

妻

グレース・リーブ(グレース・ハッブル)
1889〜1981年

良家の出身。資産家の息子だった夫が謎の事故死をとげ、3年後にハッブルと結婚。終生仲の良い夫婦だった。

助手

ミルトン・ヒューマソン　1881〜1972年

ウィルソン山天文台の用務員から、観測助手に抜擢(ばってき)され、「ハッブルの法則」発見に大きく貢献(こうけん)する。別名「ライオン・ハンター」。

大ボス

ジョージ・エラリー・ヘール　1868〜1938年

ウィルソン山天文台長。「望遠鏡計画仕掛け人」。有力パトロンを得て、ヤーキス天文台、ウィルソン山天文台、パロマー山天文台をゼロから建設し、次々と巨大望遠鏡を実現。

ボスその2

ウォルター・シドニー・アダムス　1876〜1956年

ヘールの後任として、ウィルソン山天文台長。きまじめな性格で、奔放にふるまうハッブルに、しばしば手を焼かされる。

先輩

ハーロー・シャプレー　1885〜1972年

ウィルソン山天文台でハッブルの先輩天文学者。後にハーバード大学天文台長となる。シャプレーの唱えた宇宙像はハッブルに否定されることになる。

対立した先輩

アドリアン・ファン・マーネン　1884〜1946年

ウィルソン山天文台の天文学者で、シャプレーの友人。渦巻星雲の回転を測定したと発表したが、後に否定される。ハッブルとの間に深い確執を抱えることになる。

論争相手

クヌート・ルンドマーク　1889〜1958年

スウェーデンの天文学者。ハッブルとほぼ同時期に星雲の分類法を発表したため、ハッブルに激しく攻撃されて、大論争になる。

大金持ちの奇人天文学者

パーシバル・ローウェル　1855〜1916年

ボストンの富豪だったが、人生を大きく変えた。私設の天文台をつくり、火星の「運河」観測に熱中。「惑星X(後の冥王星)」の存在を予言。

先行研究

ヴェスト・メルビン・スライファー

1875〜1969年

国際天文連合の星雲部会長、のちにローウェル天文台長。宇宙の膨張を示唆(しさ)する、ハッブルの先行研究を行う。

天才物理学者

アルベルト・アインシュタイン

1879〜1955年

一般相対性理論で知られる20世紀最大の物理学者。ナチ政権の台頭で米国に亡命し、ウィルソン山天文台も訪問。

科学界の権威

アーサー・エディントン　1882〜1944年

英国の天文学者。アインシュタインの一般相対性理論の重要性を広め、日食の観測隊を率いて検証した。

理論天文学者

ヴィレム・ド・ジッター　1872〜1934年

オランダの天文学者。「永遠に膨張する宇宙モデル」を発表。ハッブルと交流があった。

損した神父の天文学者

ジョルジュ・ルメートル　1894〜1966年

ベルギーの神父。ハッブルより先に宇宙膨張の法則を発表したが、マイナーなベルギーの雑誌だったためその功績が埋もれてしまった。

エドウィン・フロスト　1866~1935年
シカゴ大学のヤーキス天文台長。ハッブルの学位論文を指導。ハッブルをいろいろと支えた。

ヘンリエッタ・スワン・リービット　1868~1921年
ハーバード大学天文台で恒星分類の仕事から、セファイド型変光星の周期光度関係を発見。女性天文学者の草分け的存在。

ヒーバー・カーチス　1872~1942年
リック天文台の天文学者。太平洋天文学会長を務め、シャプレーと有名な大論争を行った。

アレクサンダー・フリードマン　1888~1925年
ロシアの数学者。一般相対性理論をもとに宇宙モデルの一般解を求めた。

ウォルター・バーデ　1893~1960年
ドイツの天文学者。ウィルソン山天文台で研究し、戦時中に恒星の種族を発見。

フリッツ・ツビッキー　1898~1974年
スイス生まれの天文学者。銀河団の研究から暗黒物質の存在を指摘。変人扱いされる。

ジョージ・ガモフ　1904~1968年
ロシアの物理学者。ハッブルの膨張宇宙に啓発され、ビッグバン宇宙モデルを提唱。SF作家としても有名。

フレッド・ホイル　1915~2001年
英国の天文学者。定常宇宙論の主導者。BBCのラジオ番組でガモフの膨張宇宙論を「ビッグバン理論」とからかった。

目次

第3部　宇宙は膨張している！……89

第4部　巨大望遠鏡と、20世紀最大の天文学者の挫折……127

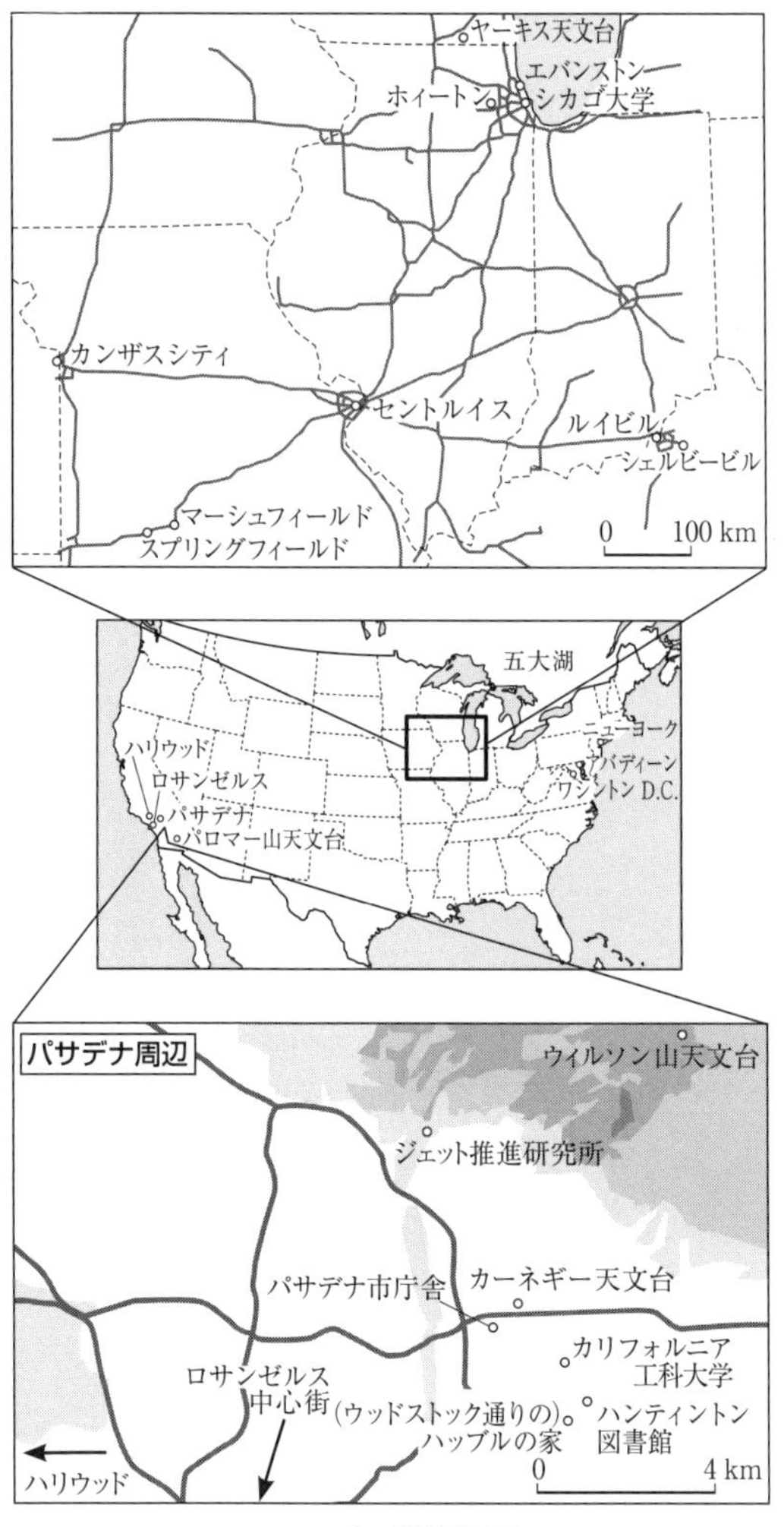
ヤーキス天文台
エバンストン
ホィートン
シカゴ大学
カンザスシティ
セントルイス
ルイビル
シェルビービル
マーシュフィールド
スプリングフィールド
0 100 km
五大湖
ニューヨーク
アバディーン
ワシントン D.C.
ハリウッド
ロサンゼルス
パサデナ
パロマー山天文台
パサデナ周辺
ウィルソン山天文台
ジェット推進研究所
パサデナ市庁舎
カーネギー天文台
カリフォルニア
工科大学
ロサンゼルス
中心街
(ウッドストック通りの)
ハッブルの家
ハンティントン
図書館
ハリウッド
0 4 km

ハッブル関連地図

ハッブル 17 歳、シカゴ大学 2 年生の頃
1907 年　HUB 1033(1)

第 1 部
生い立ちと青春

ハッブル家

エドウィン・ハッブルの8〜9世代前の先祖にあたる、リチャード・ハッボール(Hubball)は英王国の軍人でした。1640年代の清教徒革命で国王チャールズ1世が処刑されたため故国を捨て、新大陸をめざしたようです。リチャードは米国の東海岸で事業に成功して資産家になり、その子孫は次第に西へと広がって行きました。5世代前のジョエルはヴァージニア州で綿花農園を経営し、多くの奴隷を有していました。このジョエルの時代には、名字がハッブル(Hubble)になっていました(図1-1)。

ジョエルのひ孫でエドウィンの祖父にあたるマーチン・ハッブルは、当時16歳になったばかりのメアリ・ジェーン・パウエルを見そめて結婚し、エドウィンの父となるジョン・パウエル・ハッブルが生まれます。マーチンは南北戦争で北軍に従軍し、地元では「ハッブル大尉」と呼ばれて尊敬されていました。

やがてハッブル家はイリノイ州の州都スプリングフィールド(地図参照)郊外に自宅を構え、

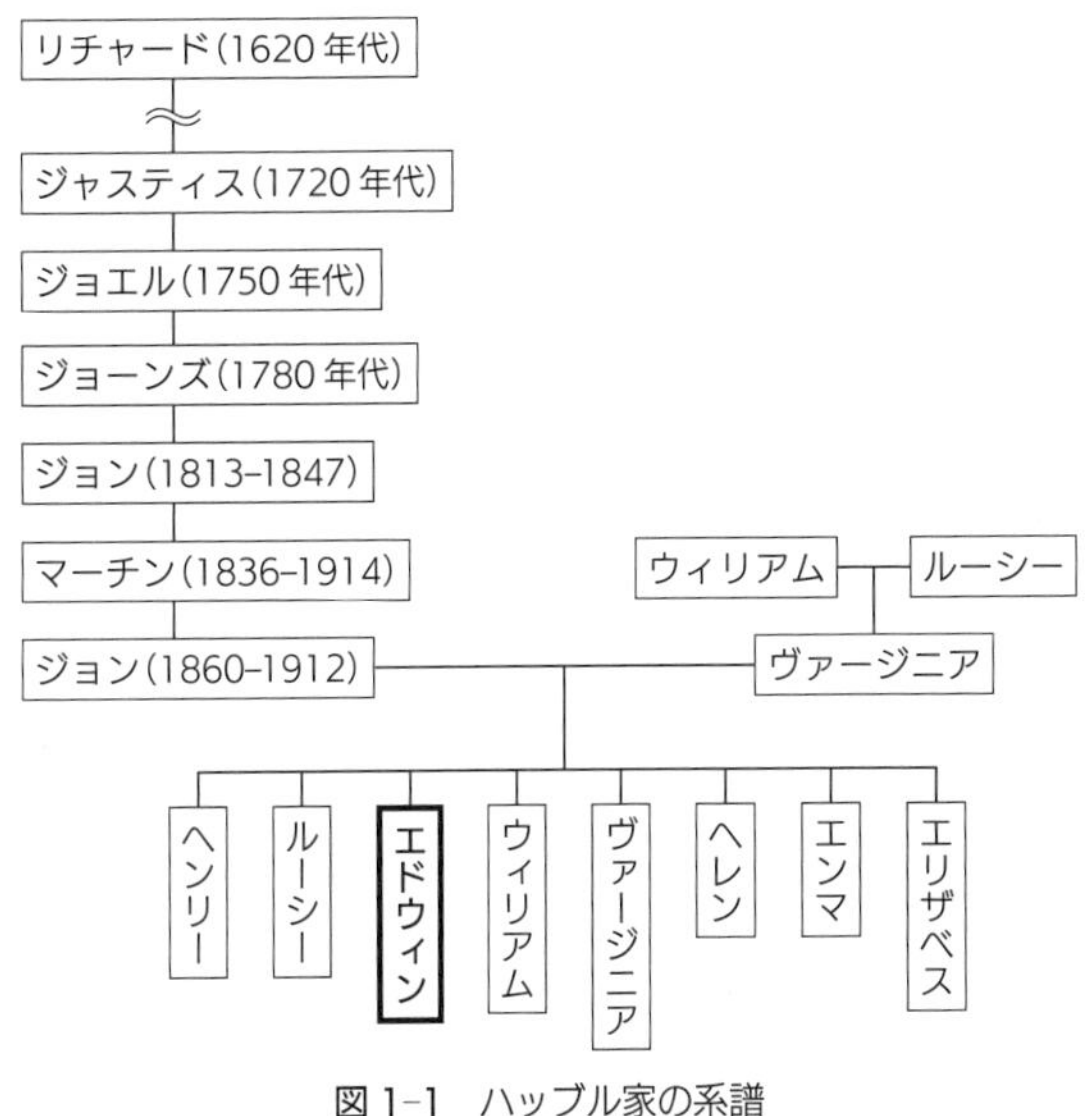

図1-1　ハッブル家の系譜

牧場と農産物会社、さらには保険会社を経営するようになりました。

エドウィンの両親の出会いもドラマチックなものだったようです。ジョンが牧場で落馬して大けがをしたとき、医師ウィリアム・ジェームスは、娘のヴァージニア(ジェニー)に手伝わせて治療しました。ジョンの目には、そんなジェニーが美しい天使のように映ったのでしょう(図1-2)。2人は1884年に結婚し、長男ヘンリーと長女ルーシーを授かります。

エドウィン・パウエル・ハッブル(Edwin Powell Hubble)は、1889年

図1-2　父ジョンと，母ヴァージニア

11月20日、３人目の子として、ミズーリ州マーシュフィールドで生まれました。エドウィンの名は母ジェニーの弟の名前からとりました。その後、ハッブル家には、ウィリアム(ビル)、ヴァージニア、ヘレン、エンマ、エリザベスが生まれ、合計８人兄弟姉妹の大家族になりました。一家はカンザスシティやセントルイスに転居後、１８９５年にマーシュフィールドに戻り、エドウィンは地元の小学校に通い始めます(図１-３)。

父のジョンは、祖父マーチンが営んでいた保険会社で働いていました。ジョンは穀物と家畜取引の新しい中心地として発展中のシカゴに赴任します。仕事は順調で、４つの州の責任者として長期出張が続くようになり、一家は１８９９年11月にシカゴ郊外のエバンストンに引っ越しました。

図1-3　母方の祖父母ウィリアム・ジェームスとルーシー・ジェームス，その孫たち．成長期のエドウィン(前列右から3人目)の上着は袖が短くなっている．兄のヘンリー(左後ろ)．姉のルーシー(祖母ルーシーの右後ろ)

威厳ある父と、優しい母

その後、1901年9月には、シカゴ郊外のホィートンに転居します。当時ホィートンは宅地開発計画で道路、電気、水道が整備され、列車でシカゴに45分で通勤できる新しい街として発展し始めていたところでした。「シカゴにより近いエバンストンからホィートンにわざわざ引っ越したのは、お父さんが好きなゴルフ場が近くにあるからだ」というのが、家族の話題でした。

そしてエドウィンは、ホィートンの中央学校に入学します。11月にやっと12歳になるところでしたが、背が高く読み書きもよくできたため、日本の中学2年生にあたる

8年生の学年に編入されて、2～3歳年長の子どもたちと一緒に勉強することになりました。

1905年には、ハッブル家はさらにホィートンの2階建ての別の家に引っ越しました。ハッブル家は何度も引っ越しましたが、どの家も1階には大きな玄関広間、応接室、図書室、ダイニングルームがありました。ホィートンの屋敷にいたっては2階に8つもの寝室がある大邸宅でした。屋敷の周りには子どもたちが遊びまわる広い庭があり、花壇(かだん)には母のジェニーがさまざまな花を植えて丹精したのでした。

子どもたちにとって、ジョンは威厳(いげん)のある父親でした。出張で留守がちでしたが、父親が仕事から帰ると夕食の鐘(かね)が鳴り、6時半には家族全員が夕食のテーブルにつくのが決まりでした。厳格なキリスト教徒のジョンは、飲酒を罪悪と考えていました。エドウィンが後に英国へ留学することになったときにも、「決して酒には手を出さない」と誓わされたほどでした。子どもたちが何でも話せるのは母親のジェニーで、父ジョンの言葉は絶対でしたが、少し近づき難い存在だったようです。

ハッブル家には料理人やメイドなどの使用人も何人かいました。でも、子どもたちは自分でベッドを整え、部屋も自分で掃除するのが決まりでした。エドウィンの最初のアルバイトは新聞配達で、夏休みには父の方針で、氷の配達や庭の芝刈りなどのアルバイトもしました。教会の日曜学校には必ず出ることになっていましたが、そのあとは自由だったので、夕方には家族コンサートが開かれることもありました。父のジョンはヴァイオリン、音楽の才能があった長女ルーシーはピアノ、弟のウィリアムはマンドリンで、エドウィンは教会で合唱をしていたので、歌の担当でした。末っ子のエリザベスの最初の記憶は、エドウィンの肩車でサーカスに連れていってもらったことだそうです。

そんな仲のよい家族でしたが、ハッブル家には悲しい出来事もありました。エドウィンが6歳、妹のヴァージニアがまだ2歳の時のことです。ある日、エドウィンとウィリアムが作ったおもちゃの砦や橋を、ヴァージニアが壊してしまいます。怒った2人は、ヴァージニアの指を踏みつけました。2人はもちろんこのことで、きつく叱られました。ですが、不運なことに、その直後にヴァージニアが病気になって、数週間後に亡くなってしまったのです。兄たちは妹の死が自分たちのせいだと思い、特にエドウィンはひどく落ち込んでしまいました。母ジェニーが、妹を亡くしたエドウィンの心の傷を癒やそうと優しく接したことは言うまでもありません。やがて新しい妹たちが生まれ、エドウィンは少しずつ立ち直ってゆきました。母は家族思いでユーモアもあり、家庭内のいざこざはすべて円満に解決しました。妹のエリザベスによると、エドウィンはこの母親の気品と優雅なしぐさを受け継いでいるということです。

星空との出会い

エドウィンは兄や姉との遊びの中で、早くから読み書きを身につけていました。本を読むのが大好きで、特に冒険ものを次々に読みました。お気に入りだったのは『不思議の国のアリス』や『ジャングルブック』、『海底2万里』で知られるジュール・ベルヌのいろいろなSF、『ソロモン王の秘宝』、『ハックルベリー・フィンの冒険』などだったそうです。

また、エドウィンが天文学に魅せられたのは、母方の祖父で医者だったウィリアム・ジェームスの影響だったようです。この祖父は、西部開拓時代に銀行強盗をするなど「ミズーリ州の無法者」として知られたジェシー・ジェームスの遠縁にあたる、少し変わった男でした。

1897年の秋、この祖父がエドウィン8歳の誕生日プレゼントに自分で望遠鏡を作り上げたのです。エドウィンはとても興奮しました。「心ゆくまで望遠鏡で夜空を眺めたいから、誕生日パーティの代わりに、遅くまで起きていることを許して」と、父にねだったほどです。

もちろん、その願いは叶えられました。祖父はエドウィンとともに村はずれの丘にのぼり、満天の星々と天の川を見せました。祖父から「星々は遠くにある太陽なのだ」という話を聴いた体験が、おそらくエドウィンの天文学者としての原点になったのでしょう。その2年後の1899年6月23日には、月が地球の影に隠れて赤黒くなる皆既(かいき)月食を、友達のサムと夜通しで観測しています。

エドウィンはホィートン中学校では読書や数学が得意で、年長の同級生のなかでも上位の成績でした。中学校で科学を教えていたハリエット・レーバー先生は、「エドウィン・ハッブルは、将来きっと大物になるでしょう」と予言したことで、後に地元ではたいへん有名になりました。ちなみにレーバー先生の息子、グロート・レーバーは、後にホィートンの自宅の近くに、世界で初めて電波望遠鏡を自作して天の川や太陽を観測したことで有名です。

中学校のラッセル校長は科学の先生でしたが、ホィートン大学にエドウィンら生徒を連れて行き、望遠鏡で星空を見せたりしたそうです。きっとこの体験も、エドウィンの天文学への思いを膨らませたに違いありません。

また、エドウィンは12歳のとき、父方の祖父マーチンに火星についての手紙を書きました。とてもおもしろい内容だったので、マーチンがスプリングフィールドの新聞に投稿して、その手紙の内容が掲載されたそうです。私も本書の執筆にあたってその記事を探してみたのですが、残念ながら発見できませんでした。

スーパー高校生

たいていの少年と同じように、エドウィンはスポーツに熱中しました。ホィートン高校の最終学年の頃には、身長190cm、体重84kgとなり、オタワ高校とのバスケットボールの試合ではシュートを5回も決めて46対10で破り、地元の新聞で英雄扱いされました。エルギン高校との対抗運動会でも大活躍し、棒高跳び、走り高跳び、立ち幅跳び、砲丸投げ、円盤投(えんばん)げ、ハンマー投げでそれぞれ優勝し、1マイル(約1.6km)リレーでも第2走者をつとめてチームを優勝に導きました。なんと、7種目で1位になっているのです！ この運動会では、走り幅跳びで5m59cmの記録で3位に終わったのだけが心残りだったそうです。

なお、大学進学後の1906年6月には、走り高跳びで1m74cmのイリノイ州新記録を出したことが新聞に掲載されています。彼のジャンプ写真がハンティントン図書館に残っていますが、背面跳びがなかった時代に、はさみ跳びでのこの記録を出しているのは驚きです(図1-4)。きっと間違いなく、女生徒のあこがれの的だったことでしょう。ですがなぜかこの頃のエドウィンは、異性への関心をあまり示さなかったようです。

図1-4　オックスフォード大学で走り高跳び中のエドウィン　1911年　HUB 1039(5)

1906年に高校を卒業したエドウィンの最終学年の成績は平均94・5点というかなりのものでしたが、学校ではがむしゃらに勉強するそぶりは決して見せませんでした。

卒業式では、他の伝記でも引用されているエピソードがあります。式の終わりに校長が、「エドウィン・ハッブル君。君を4年間見ていたが、10分以上勉強しているのを見たことがないぞ」と切り出したのです。何を言い出すのかと皆が静まりかえるなか、少し間を置いて、校長はにやりと笑ってこう続けました。

「さあ、これがシカゴ大学への奨学金の推薦状だよ」

大学生活

1906年6月、エドウィンはわずか16歳でシカゴ大学に入学します。アメリカの大学には「フラタニティ」と呼ばれるさまざまな学生自治組織があるのですが、エドウィンは大学の花形運動選手や上流出身の学生に人気のあった「カッパ・シグマ」という男子学生グループに入って学寮生活を始めます。弁護士になってほしいと考えていた父との約束もあり、大学では法学を専攻することにしました。

ちょうどそのころのシカゴ大学には、光干渉計のアルバート・マイケルソン、電子の研究のロバート・ミリカンなどの著名な実験物理学者が在籍していました。入学の翌年、光の速度を測ったマイケルソン教授に、アメリカ人としては初めてノーベル賞が授与されることになり、大学は喜びに沸き立ちました。このことでも刺激を受けたのでしょう、エドウィンの興味は次第に科学に向いていきます。

また、その年の秋、シカゴ大学のアメリカン・フットボール部の有名なコーチがエドウィンの素質を見抜いて、練習の見学に彼を誘います。これを地元の新聞が「期待の新人か」と書き立てましたが、たまたまこの記事が父ジョンの目に留まり「フットボールは危険すぎる」と入部を認めませんでした。

エドウィンもさすがに悔しかったのでしょう。スポーツによる怪我の統計を調べて「フットボールはお父さんが好きな野球よりも安全だ」と、入部を認めてもらおうとします。ところがこの話を聞いたジョンは、エドウィンに野球までも禁じてしまいます。

当時のエドウィンにとって、父親の言葉は絶対でした。父にスポーツへの未来を台なしにされたと思いながらも、ボクシングに転向することにしました。なぜか、より危険に思えるボクシングについては、ジョンが反対しなかったためです。エドウィンはボクシングでも当時のヨーロッパチャン

図1-5　エドウィン(一番左)とシカゴ大学のバスケットボール部員たち．中央の選手の持っているボールには1910年大学連合チャンピオンと書かれている　1910年　HUB 1038(4)

ピオンとスパーリングをしたりして、アマチュアのヘビー級で才能を発揮しました。ボクシングのコーチも、彼をプロボクサーにしたいと思ったほどでした。

長身のエドウィンはバスケットボールでも強力なセンター・ガード選手として出場し、大学新聞には当時負け知らずのシカゴ大学バスケットボールチームの活躍ぶりが紹介されました(図1-5)。

「唯一の恋」

文武両道のスーパースターのようなエドウィンでしたが、やはり浮いた話はあまりありませんでした。そんなエドウィンでしたが、妹のヘレンによると、後の結婚までに、妹が知る「唯一の恋」をしたことがあったそうです。相手はエリザベスという魅力的な女性でしたが、残念ながらこの恋は実りませんでした。しばらくつきあった後、エリザベスに「あなたの火星や星雲を思う気持ちに、私の入り込む余地はないと思うわ」と言われて、このロマンスは終わってしまったのです。法律を専攻していても、やはりエドウィンは幼少の頃に目覚めた天文学へのあこがれを強く抱いていたのでしょう。

恋とは打って変わって、大学時代にはこんな武勇伝もあります。エドウィンは夏休みのアルバイトとして、父の口利き（くちき）で五大湖地域の森を貫いて建設する予定の鉄道ルートを決める測量チームに参加しました。

人里から離れた荒野での仕事で、クマに出会ったり、落雷で倒れてきた木の下敷きになりかけたり、まるで冒険のような体験でした。最大のピンチは、森のなかで、2人組の強盗に襲われたことでした。エドウィンは肩を刺されましたが、強盗の1人を殴り倒し、2人は退散したのです。ところが測量作業が一段落して帰りの列車に乗るために駅に着くと、なんと次の列車は数日後まで来ないことがわかりました。エドウィンともう1人の仲間は、列車を待たずに3日間かけて森を徒歩で抜けて帰ってきたそうです。

――エドウィンが語ったというこの顚末（てんまつ）には多少の誇張（こちょう）があるかもしれませんが、姉のルーシーによると、この遠征仕事から帰ったエドウィンは、それまでの子どもっぽさが消えて、頼もしい青年になっていたそうです。

ローズ奨学金を獲得！

もちろん、エドウィンはただスポーツやアルバイトに明け暮れていたわけではありません。2年生が終わると、当時の慣例（かんれい）によって2年間の授業助手の資格が与えられました。後に電子の電荷素量（でんかそりょう）を求める研究でノーベル賞を受賞することになるロバート・ミリカンの実験助手を務めたのもこの頃です。

この頃からエドウィンは「ローズ奨学金」を受けることを夢見始めたようです。この奨学金は、アフリカのダイヤモンド採掘（さいくつ）事業で成功した英国の事業家・政治家セシル・ローズの遺産を基金とした世界で初めての国際奨学金です。後にはフルブライト奨学金制度をつくったジェームス・フルブライトやビル・クリントン元大統領なども授与されています。

当時、年間１５００ポンドの奨学金は若者が快適な生活を送るのに十分な額でした。ちなみに、後に量子力学についてアインシュタインと有名な論争をすることになるニールス・ボーアの当時の給料が、ほぼ同額だったそうです。エドウィンはローズ奨学生を目指して、勉学に励みます。１９０９年夏には、「10月に迫った奨学金の試験に向けて、誰もいなくなった寮でラテン語の勉強に専念している」と、祖父のマーチンに書き送っています。

やがてその勉学ぶりがシカゴ大学長の目にとまり、定員9名の学生委員の1人に学長から任命されます。エドウィンはミリカンや他の先生の推薦状も取りつけ、イリノイ州のローズ奨学生選考委員会から第1位で推薦を受けることに成功し、見事に奨学金を獲得しました。

余談になりますが、翌年の5月、ハレー彗星(すいせい)が地球に接近しました。ハレー彗星の光を分析したフランスの天文学者が、そのスペクトル(光をプリズムで虹(にじ)に分けたもの。スペクトル中の縞(しま)模様を分析すると、光を放ったガスの成分分析ができる)に猛毒のシアン化水素の成分があると発表したため、「ハレー彗星の尾を地球が通過する5月20日に、人類は絶滅するかもしれない」という噂(うわさ)が立ちました。窓を閉め切って家に閉じこもった人もいるなかで、エドウィンは夜通し彗星を眺めていたそうです。

エドウィンは、この夏は家族と過ごせる最後の機会と考え、家族が移り住んでいたケンタッキー州のシェルビービルで過ごしました。父の健康にかげりが出てきたため、弟のビルは家族を養う立場になることを決意して、農業を学びマーシュフィールドでの農場経営を目指すことにしました。

図1-6 ローズ奨学生として渡英する飛行機のタラップで(一番前). 3人の同僚学生と 1910年 HUB 1039(3)

オックスフォード留学生活

こうして1910年9月、エドウィンは英国のオックスフォード大学に旅立つことになりますが、この頃には未だ天文学を研究するという明確な目標を持っていたわけではありませんでした（図1-6）。

父の希望に加えて、天文学が原因で失恋したことも頭の隅にあったのか、エドウィンはシカゴ大学時代にひき続き、法律を専攻することにしました。彼はクイーンズ・カレッジの学寮を選び、高貴な家系の子息たち、作家や実業家を目指す学生たちと、生活をともにしました。

エドウィンはすぐにオックスフォード大学特有の言い回しを覚え、意識的にイギリス英語のアクセントでしゃべるようになります。これは後に彼のトレードマークにもなり、また、貫禄ある学者らしい雰囲気を醸し出すパイプたばこを覚えたのも、この頃でした。父との約束を破って、ビールやワインもたしなむようになりました。

スポーツでの活躍は相変わらずで、大学でも野球部のキャプテンを務め、ボート部に属し、走り高跳びで優勝しています。また、エドウィンはオックスフォードで学び始めた1年あまりのうちに「300冊を超える本を読んだ」と姉に書き送っています。母への手紙では、彼は「何か歴史に残るような大きなことをしたい」と書いています。

また、このオックスフォード学寮時代の、こんなエピソードも残っています。友人が「ローマで2位になるくらいなら、別の町で1位になったほうがいい」と言ったとき、エドウィンが「なぜ、ローマで1位を目指さないんだ」と切り返したというのです。後に、自分の業績の評価にこだわった、エドウィンの上昇志向の萌芽(ほうが)を見るような気がします。

しばらくして、読書家のエドウィンは、文学とスペイン語を副専攻に加えることにしました。父の影響で主専攻にした法学は、正直なところあまり肌に合わなかったようです。物理学や数学も学んでいたのですが、父への遠慮もあって、表には出しませんでした。結局、エドウィンは専門を法学からスペイン語に変えて、1913年にオックスフォード留学を終えました。

図1–7　キャンプで（後列中央）　1914年頃
HUB 1096（5）

ハンサムな高校教師

1913年1月、父のジョンがマラリアの長患いの末、亡くなりました。かなり裕福だったハッブル家も、その頃までには蓄えを使い果たしていました。エドウィンがケンタッキー州のルイビルに住んでいた家族の元に戻ったのは、その半年後の夏でした。

エドウィンは帰国後、ケンタッキーで司法資格を取ります。当時は今と違って厳格な試験をするわけではなく、ウィスキーを手土産に判事の口頭試問に答えて資格を得るような例もあったそうです。おそらく、もらったローズ奨学金が無駄になったと思われては困るという配慮から、帰国後、資格だけは得ておきたかったのではないでしょうか。でも、エドウィンが法律事務所を開いた形跡はなく、後々までこのことには触れたがりませんでした。

兄のヘンリーは保険統計事務所に勤め、姉ルーシーはピアノの家庭教師をしていましたが、8人を養うには心もとなく、エドウィンはニュー・オルバニー高校でスペイン語の教師を始めます。英国風でハンサムな先生のクラスには、女子生徒が押しかけたそうです。やがてスペイン語に加えて、物理、数学の授業も担当し、バスケットボールチームのコーチも引き受けることになります。バスケットボールチームは連戦連勝だったそうです。生徒にも慕われていたようで(図1-7)、生徒たちからエドウィンへの感謝の寄せ書きも残っています。

図1-8　ハッブルが望遠鏡と写った現存する最初の写真　1914年
HUB 1093

いよいよ天文学の道へ

しかし、エドウィン(以下、ハッブルと呼びます)はこの生活に満足できませんでした。天文学への想いがまた強くなってきたからです。

図1-9　1914年8月に開かれた第17回アメリカ天文学会.
シカゴ大学図書館　apf6-00393

１９１４年5月末、高校の学期が終わるころ、ハッブルはシカゴ大学の天文学のモールトン教授に、大学院への入学と奨学金の給付の可能性を打診します。モールトンはシカゴ大学のヤーキス天文台長エドウィン・フロスト宛てに、推薦状を書いてくれました。面接したフロストはハッブルの素質をすぐさま見抜き、授業料１２０ドルのほか月給30ドルを用意するので、10月から来るようにと受け入れました。

こうしてハッブルはフロストの指導のもとに観測をして、学位論文を書くことになりました。１９１４年8月に開かれた第17回アメリカ天文学会にはフロストの勧めで初めて参加し、多くの天文学者と知り合いになり、後のライバルとなるアドリアン・ファン・マーネンらと共に学会会員に選ばれました。この学会の記念写真には、若いハッブルがエドワード・チャールズ・ピッカリング会長などの重鎮(じゅうちん)のそばにちゃっかり陣取って写っています(図1-9)。

ヤーキス天文台と最初の論文

ハッブルが働くことになったヤーキス天文台は、1897年に天体分光学の権威エドウィン・フロストを台長に迎え、開設されました。その功労者は、ジョージ・エラリー・ヘールです。ヘールはシカゴのエレベータ王の息子で、24歳でシカゴ大学の助教授になりました。1892年7月、ヘールは南カリフォルニア大学がウィルソン山天文台用にフランスに注文した直径105㎝のガラス円板が2つ完成したものの、支払いができず宙ぶらりんになっていることを偶然知ります。

ヘールはシカゴ大学長のハーパーと共にシカゴの鉄道王チャールズ・ヤーキスに面会し、世界最大の1m屈折(くっせつ)望遠鏡(コラム1参照)を建設する資金の援助を頼みます。「自分の名前が

図1-10　1m屈折望遠鏡の前でのヤーキス天文台職員集合写真．ハッブルは立っている男性陣の右から5人目

ついた世界一の望遠鏡ができる」という話に心を動かされたヤーキスは、資金提供を承諾します。こうしてシカゴから１２０㎞ほどのジュネーブ湖のほとりにヤーキス天文台が建設されたのです。

ヤーキス天文台でのハッブルの研究は、まず反射望遠鏡で写真を撮ることから始まりました。ハッブルが書いた最初の論文は、恒星の位置の変化(固有運動といいます)に関するものでした。自分で撮影した写真を、およそ10年前に撮影された写真と比べて、12個の星について、その位置がずれていることを報告しています。この位置のずれはこれらの恒星が宇宙空間を動いていることを示しています。

その後、ハッブルは一角獣座Ｒ星という変光星を含む星雲ＮＧＣ２２６１に興味を持ちました。１９１６年と１９０８年に撮影された写真を比べると、星雲の形が変化していることに気づいたからです。「星雲の中心からガスが放出されていて、その運動で星雲の形が変わるのだろう」とハッブルは指摘しています。ちなみにハッブルはこの星雲に興味を持ち続け、彼の研究の晩年にあたる30年後にも再び観測しています。

これらの研究から、ハッブルは宇宙での天体の動きと変化を実感していったのでしょう。

学位論文

ハッブルが研究を始めたころには1万個以上の「星雲」が発見されていました。その形から惑星状星雲、渦巻(うずまき)星雲、楕円(だえん)星雲などと呼ばれていましたが、その正体はわからないままでした。渦巻星雲は視線速度(コラム1参照)が大きく、天球上の位置の移動も測定できないほど小さいため、これらの天体は我々の地球がある銀河系の外にある天体かもしれないと、すでに何人かの天文学者は考えていました。

ハッブルは、天の川から十分に離れた7つの領域を選び、ヤーキス天文台の60㎝反射望遠鏡で写真観測を行いました。これらの写真を詳しく調べると、この領域で既に知られていた76個に加えて、新たに512個もの星雲があることがわかりました。ハッブルはこれらの新しい星雲の位置を測り、その形、明るさ、大きさをつぶさに書き記してゆきました。ある天域では星雲は明らかに群をなしているようでした。その天域全体で見つかった186個の星雲のうち、75個までが満月程度の天域にひしめいていたのです。

1916年7月23日、ウィルソン山天文台副台長のウォルター・アダムスは、台長のヘールに、「新しい2.5m望遠鏡の鏡がもうすぐ完成し、およそ1年後には観測を始められるので、新しく天文学者5人を選びたい」と申し出ました。アダムスはその手紙の中で、ハッベル(手紙にはこのように、スペルが間違って記されていました)というシカゴ大学の有望な大学院生がいることを述べています。やがてハッブルは、「学位論文が完成したら、年俸1200ドルでウィルソン山天文台に招きたい」とのヘールからの手紙を受け取ります。

第1次世界大戦の勃発

ところが1914年6月28日、オーストリア・ハンガリー帝国皇太子の暗殺事件がきっかけとなって、第1次世界大戦が勃発します。米国はヨーロッパでの戦いには関わりませんでしたが、1917年4月6日にドイツとその同盟諸国に対して宣戦布告しました。

その直後、1917年4月10日付で、ハッブルは2通の手紙を出しています。1通は学位論文の指導をしてくれていたフロスト教授へ宛てたもので、「予備士官に志願する決心をしたので、学位試験の予定を早めてもらえないか」というものでした。もう1通はヘール台長宛てで、やはり「軍に入隊する決心をしたので、戦争が終わるまでウィルソン山天文台のポストを取っておいてもらえないか」というものでした。手紙を受け取った2人はそれぞれ驚きましたが、この申し出を承諾し、フロストは入隊の推薦状を書きました。

ハッブルの学位論文は「微光星雲の写真撮影による研究」という題でした。じつは学位論文のできはあまり十分でなく、平時なら書き直しを命じられたものと思われます。それでも審査委員会は、従軍を控えたハッブルに配慮して学位授与を決めました。

シカゴ大学では学位論文のコピーを中央図書館に保管することになっていますが、ハッブルの学位論文はなぜか残っていません。大学側も、甘い審査の証拠を残したくなかったのかもしれません。なお、学術雑誌への投稿版は、フロストの綿密な推敲(すいこう)を経て、1920年に掲載されました。

「ハッブル少佐」

こうして、ハッブルは合衆国陸軍に従軍します。完成間近にせまった世界最大の望遠鏡で研究をするチャンスを目前に控えていたのですから、この志願はよほどの覚悟の決断だったものと思われます。おそらく、大学の若者の間でも戦争について熱っぽい議論があったのでしょう。実際、その当時シカゴ大学からは34名の学生が志願兵として従軍しています。

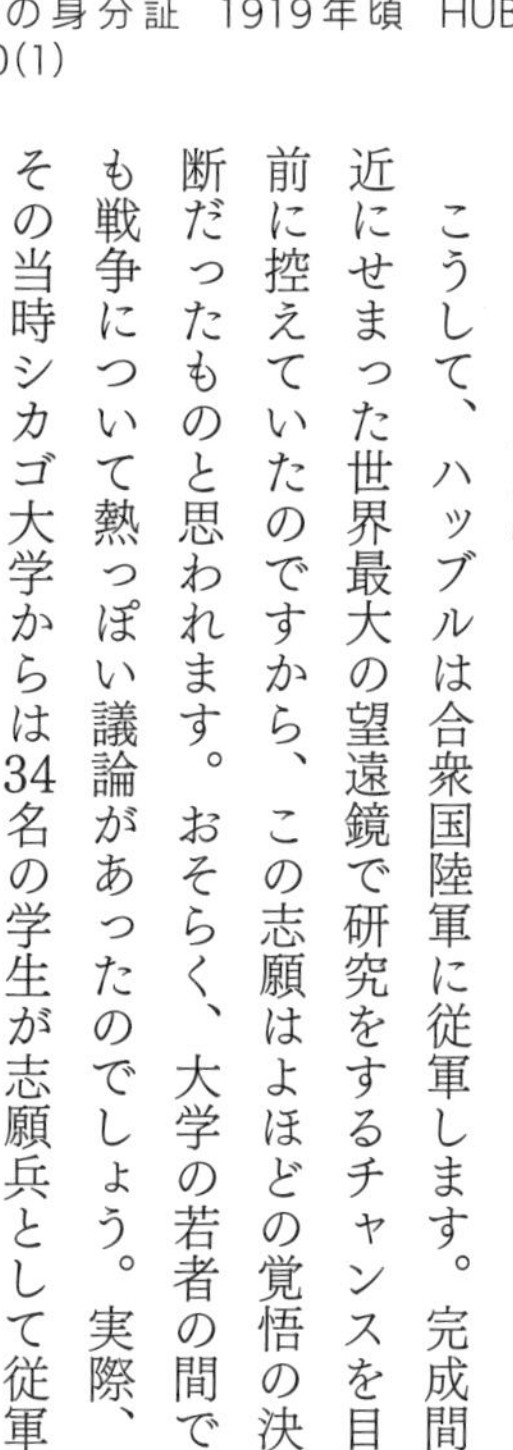

図1-11　第343歩兵大隊ハッブル少佐の身分証　1919年頃　HUB 1040(1)

ハッブルは1917年5月15日、1級士官候補生訓練所に配属されます。勇敢なインディアン首長のブラック・ホークにちなんで「黒鷹連隊」と名づけられた第86連隊が結成され、ハッブルは大尉として、第343歩兵大隊の第2歩兵中隊長になります。母への手紙で「25名の下士官と600名の兵を部下としている」と誇らしげに書いています。

こんなエピソードが残っています。あるとき、大隊長のハワード大佐がライフル演習場に現れて10発のうち6発を標的の中心の5点マークに当て、残りの4発も4点のマークに当てて、46点のスコアを出しました。すると、誇らしげなハワード大佐の前にハッブル大尉が進み出て、10発とも中央を射抜いて、50点満点を出してしまったのです。翌年、ハワード大佐の推薦でハッブルは少佐に昇進します。祖父のマーチン・ハッブル大尉よりも偉くなったわけです。

1918年9月末、ハッブルの中隊はフランス北西部のル・アーブルに上陸し、そこからボルドーを目指して南下します。ところが6週間後にはドイツが降伏したので、黒鷹連隊は実際には戦闘に参加することはありませんでした。しかし、地雷の爆発で1名が死亡し、ハッブル自身もこの爆発で気を失います。この時の怪我が原因で、右ひじをまっすぐに伸ばすことが生涯できなくなりました。

終戦後、ハッブルはケンブリッジ大学でアーサー・エディントン教授の球面天文学の講義を聞き、王立天文学会会員にもなります。そして1919年8月に帰国したハッブルは、母に会うために1日だけシカゴに寄ります。その後、サンフランシスコで除隊手続きを取り、ヘールの申し出を受けるため、ウィルソン山天文台のあるパサデナへ急ぎました。

ハッブルとの約束を守り、ヘールはその職をまだ空席にしていてくれました。9月にはハッブルはウィルソン山天文台の職員に加わることができ、こうしてハッブルは新進の天文学者となったのです。

コラム1　望遠鏡と観測方法

天体からの微(かす)かな光を集める望遠鏡には、レンズを使う**屈折望遠鏡**と、鏡を使う**反射望遠鏡**があります(図1-12)。

また、望遠鏡全体の長さよりも、レンズや鏡の大きさの方が、その性能を左右します。そのため、「2m望遠鏡」というときには、その主鏡(しゅきょう)の大きさが直径2mであることを示します。

反射望遠鏡の場合、望遠鏡の先端近くに主鏡の主焦点(しょうてん)があり、その手前に置いた平面斜鏡(しゃきょう)で光を折り返し、望遠鏡の筒(つつ)の外にできる焦点を**ニュートン焦点**と呼びます。斜鏡の代

わりに凸面副鏡を置いて光を折り返すと、望遠鏡の主鏡の中心の穴の先に**カセグレン焦点**ができます(カセグレン焦点の手前にさらに平面斜鏡を置いて光を導くと、ナスミス焦点やクーデ焦点を設けることもできます)。

現在は光の検出器はデジタルカメラになっていますが、当時はこれらの望遠鏡の焦点に写真乾板(感光乳剤を塗ったガラス板、コラム3参照)を置いて露出し、撮影後に暗室で現像していました。

また、焦点部に細いスリットの空いたしゃへい板を置き、天体の光だけを分光器という装置に通すと、分光器の中のプリズムか回折格子が天体の光を虹に分解します。その虹を写真に撮る観測方法を、**スペクトル観測**と呼びます。天体のスペクトルを調べると、元素組成を分析したり、運動速度を測ることができます。

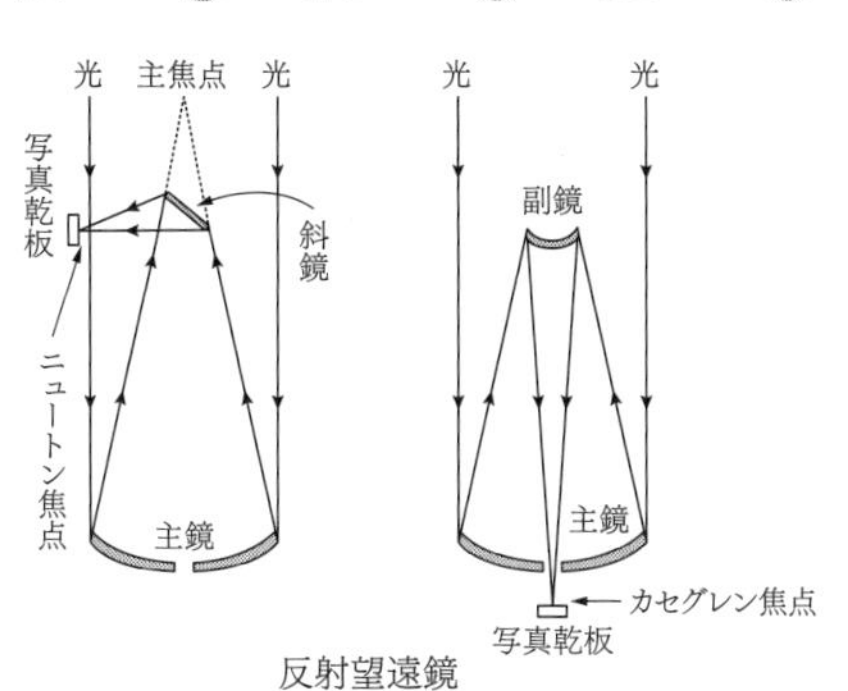

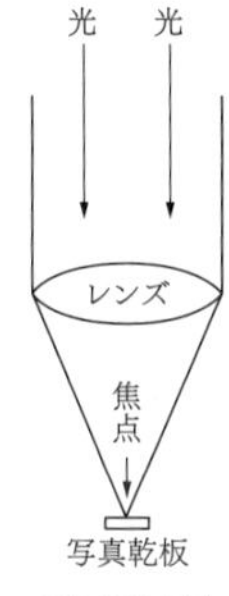

図 1-12　屈折望遠鏡と反射望遠鏡のしくみ

運動速度のうち、この方法で測定できるのは「近づいているか遠ざかっているか」という観測者の視線に沿った方向の成分だけなので、この成分は**視線速度**と呼ばれています。

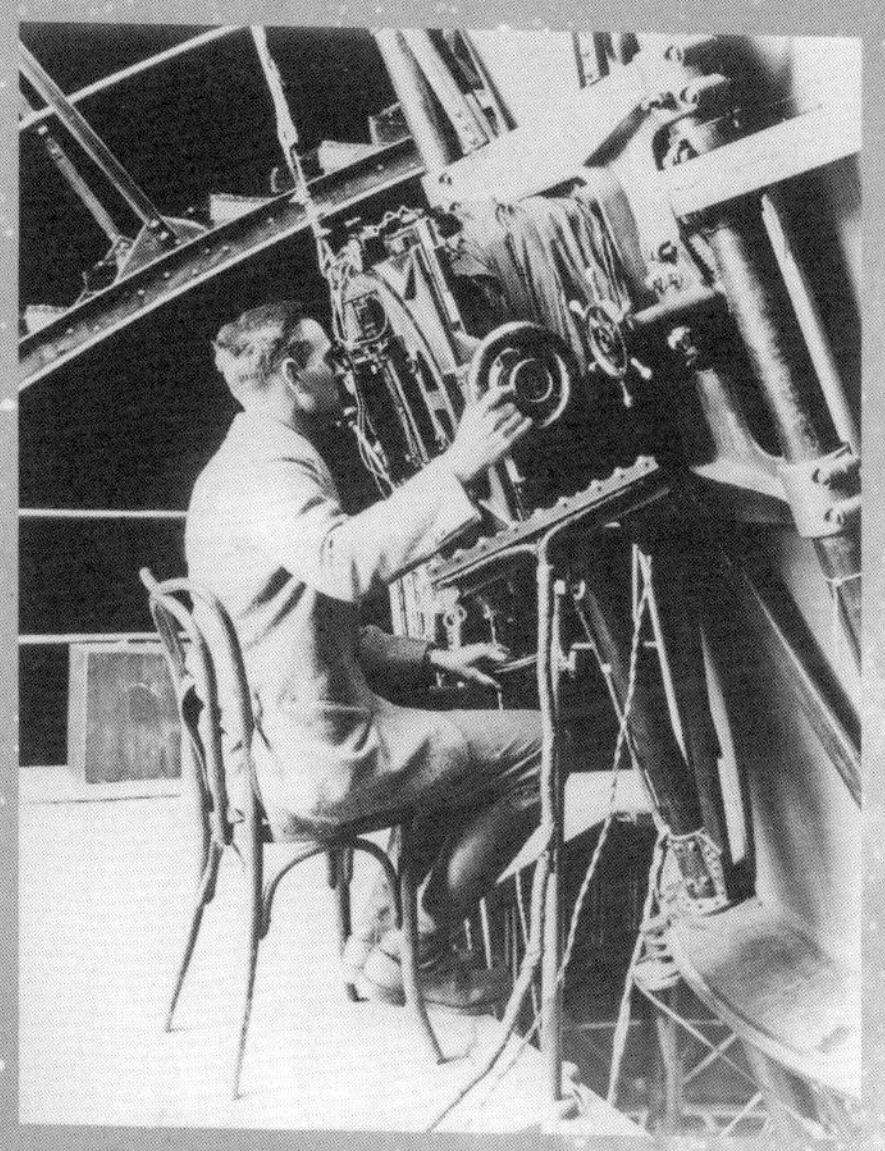

2.5 m 望遠鏡で観測ポーズをとるハッブル
1924 年頃　HUB 1042(4)

第 2 部
アンドロメダ銀河の謎

望遠鏡計画仕掛け人、ヘール

ジョージ・エラリー・ヘールが鉄道王のチャールス・ヤーキスを説得して資金を獲得し、シカゴ郊外に1m屈折(くっせつ)望遠鏡をもつヤーキス天文台が建設されたのは、先述のとおりです。しかしヤーキス天文台の天気はあまり良くなかったので、ヘールはより良い場所を求めて南カリフォルニアの山々を調べ歩きます。

そして製鉄王のアンドリュー・カーネギーの説得に成功したヘールは、ウィルソン山に、ヤーキス天文台の太陽観測専用の望遠鏡を移設する資金を獲得します。ロサンゼルスの日本人街リトルトーキョーにある日米文化会館によると、当時、建設のため車が通れるよう登山路の道幅を広げる工事には、多くの日系移民が働いたそうです。ラバに機材を積んで山道を歩く一団の写真が、ウィルソン山天文台の資料にも残っています(図2-1)。

ウィルソン山天文台の台長となったヘールは、すぐに1.5m望遠鏡の建設を始めます。さらに1906年には、2.5mの鏡材を買う資金とそれを磨(みが)く資金を事業家ジョン・D・フッカーからもらいます。望遠鏡の筒やドームを作るのにあと50万ドルが必要でしたが、これもカーネギー財団が出すことになりました。蓄財に成功した事業家の名声心をくすぐり、援助を引き出すヘールの手腕は、じつにたいしたものです。

この前後、ヘールは、ヤーキス天文台にいたウォルター・アダムスなど主な天文学者をウィルソン山天文台に引き抜きます。そんなこんなで、ヤーキス天文台はできあがって10年もたたないうちに、天文学の最前線からは遅れを取ることになってしまいます。

図2-1　1.5m望遠鏡を載せた荷車をウィルソン山天文台へ運ぶラバと一行　1908年
Cal Tech Archive 10.13-4

失敗、また失敗、そして

1908年、1.5mの反射鏡を荷車に載せ、山頂に向かって何頭ものラバに曳かせてゆっくりと登っていたとき、フランスからヘール宛てに「2.5mのガラス鏡材ができた」という電報が届きました。ヘールはきっと、わくわくしながらその到着を待っていたことでしょう。しかし年末に届いた2.5ｍのガラス鏡材を見た研磨（けんま）技術者は、ガラスの中の気泡（きほう）を見て「使い物にならない」と宣言。ヘールはとてもがっかりします。ガラス会社はその後も何度か作り直しを試みましたが、失敗続きで、ヘールは絶望して精神的に参ってしまいます。

そして１９１０年、最後の望みを託してアメリカのガラス製品メーカー、コーニング社の専門家に診断してもらうことになりました。すると、その技術者は「このガラスは使えそうだ」と言ってくれました。こうしてやっと、研磨作業に入ることができたのです。

望遠鏡の筒や台は東部の会社で作られました。ところが陸上輸送するには大きすぎることがわかり、北極海からアラスカを回ってカリフォルニアまで海上輸送することになりました。嵐で船が沈まないか、戦争中のドイツの潜水艦に撃沈されないかと、ヘールの心配は後を絶ちません。

７年後の１９１７年11月１日、2.5ｍ望遠鏡にとって最初の夜が来ました。望遠鏡はこと座のヴェガに向けられ、アダムス以下18人の職員が見守るなか、ヘールが接眼鏡をのぞきます。

無言のまま困惑の表情を浮かべたヘールが見たのは、5つも6つもぼやけて重なったヴェガの像でした。「鏡の温度がまだ空気となじまないせいかもしれない」と3時間もの間、ヘールはアダムスと交代でがんばりましたが、像はほんの少し良くなっただけでした。

とうとうあきらめて全員寝ることにしたのですが、ヘールとアダムスは結局眠れないまま、午前3時少し前にドームで落ち合い、こんどは望遠鏡を木星に向けました。このときヘールの目に飛び込んできたのは、木星のすばらしい画像でした。鏡がやっと冷えて正しい形になったのです。そのときのヘールの喜びは、いかばかりだったことでしょう。

ヘールは天文学の歴史のなかで、創意工夫にあふれ、未来を見越し、目標に向かう不屈の精神と活力を持ち、実際に計画を成功に導いた、有能な科学マネジャーとして知られています。彼の頭のなかには、より大きく新しい計画が、いつもいくつも渦巻(うずま)いていました。

忘れられない夜

さて、終戦後、ハッブルがウィルソン山天文台に着任したのは1919年9月3日、2.5m望遠鏡完成のおよそ2年後でした。この頃までには、パサデナのサンタバーバラ通り813

番地に、地上2階、地下1階の天文台本部と、実験室を備えた別棟が完成していました。パサデナとウィルソン山を結ぶ車も定期的に運行され、片道2時間ほどで山頂に着くことができるようになりました。

「こわもての軍人が来る!」という噂は、天文台で働く皆の気がかりでした。ミルトン・ヒューマソンは、まじめな働きぶりで天文台の用務員から観測助手に抜擢された人物です。彼はハッブルが初めて観測した夜のことを、こう回想しています。

「その夜の彼の鮮烈な印象は、終生忘れられません。彼は1.5m望遠鏡のニュートン焦点で、立ったまま望遠鏡をガイド(操作)して写真撮影をしていました。背が高くきびきびした人物がパイプをくわえているシルエットが、夜空を背景に見えました。軍人用のコートが、風ではためき、暗闇のなかでパイプに時々赤い火が火照るのが見えました。その夜はひどいシーイング(大気が乱れて星像がふやけてしまうこと)でしたが、現像が終わって暗室から出てきたハッブルはとても満足そうでした」

同僚たち

ウィルソン山天文台は、ヘールとともにヤーキス天文台からやってきた副台長のウォルター・アダムスが取り仕切っていました。アダムスは几帳面な人で、町の人はアダムスがいつも同じ時間に出勤するのを見て時計を合わせたという逸話さえあるほどです。

オランダ出身の天文学者ファン・マーネンは皆と騒ぐのが好きな気の利いた男でしたが、ハッブルはファン・マーネンのことを最初から軽蔑していたようで、彼もハッブルを気に入りませんでした。

ウィルソン山天文台には、著名な天文学者ハーロー・シャプレーもいました。ハッブルより4つ年上だったシャプレーは、食連星の研究で学位を取得しました。食連星とは2つの恒星が互いの星を隠すように公転している星のことで、これを詳しく観測すると、星の半径や密度などさまざまな情報を正確に割り出すことができるのです。

シャプレーはこれらの研究で、食連星がそれまで思われていたよりも実際は遠くにあることに気がつきました。そして銀河系自体も、それまでの「銀河系は直径約2万光年の大きさの円盤で、太陽系は銀河系のほぼ中心にある」とするカプタイン(オランダの天文学者)の宇宙モデルよりも、ずっと大きいのではないかと考えるようになりました。

学究肌のシャプレーは、アリの行列のスピードが日陰と日なたとで違うことに気づき、温度計や湿度計、ストップウォッチなどを用意してアリの歩みの「学術的」な計測をし、ついには「アリの熱力学」と題する論文を、生態学の雑誌に投稿したという逸話もあります。このシャプレーもファン・マーネンと同じく、ハッブルの気取った雰囲気、ローズ奨学生としての経歴、軍隊調の言動、それにきどったオックスフォードなまりのしゃべり方が気に入りませんでした。

しかし当のハッブルは、天文台に来たあともかなりの間、乗馬用長ズボンと軍隊用ブーツを愛用して「少佐」のイメージを大切にしていたようです。

天文台の夜

山の斜面にある通称「修道院」と呼ばれていた食堂でのディナー(コラム4参照)は、冬は5時、夏は6時に始まります。テーブルの主賓席(しゅひん)には2.5m望遠鏡の観測者、その右には2.5mの観測助手、その右に1.5m望遠鏡の観測者という順で、皆ネクタイで正装して着席するのが習わしでした。

夜が明けるまで、何時間も精神を集中して望遠鏡をガイドするのは大仕事です。当時世界最高だった2.5m望遠鏡にも、いろいろと問題がありました。望遠鏡を動かすギアの歯が完璧に揃っているわけではないので、望遠鏡をいろいろな天体に向けると、ほんの少しだけそっぽを向きます。このずれを直すには、観測台から直接天体を見て望遠鏡を微調整する必要があります。望遠鏡を収めるドームも、望遠鏡の動きに合わせてその開口部の向きを変えてやらねばなりません。

また、この望遠鏡はスムーズに動かすために水銀の上に浮かせる設計になっていたのですが、戦争中は必要な量の半分しか水銀が使えず、動きがぎくしゃくすることもありました。加えて、観測中は眠気と寒さが大敵です。冬には指や足先の感覚もなくなり、涙でまつ毛が接眼レンズに凍り付いてしまうこともありました。

ハッブルが2.5m望遠鏡で最初に撮影したのは、第1部でもふれた星雲NGC6822でした。その写真乾板にはH1H(フッカー2.5m望遠鏡、乾板1号、ハッブルの頭文字の略)と書き込まれました。体力と気力に満ちたハッブルは精力的に観測を行い、記録によると、露出時間が4~5時間にも及ぶ写真を、何百枚も撮影しています(図2-2)。

図2-2　2.5m望遠鏡とハッブル　1931年
COPC 2911

ただ、ウィルソン山に残された写真から判断すると、ハッブルは技術的にはあまり上手な観測者ではなかったようです。

筆者の経験からすると、ハッブルの写真のできが今一つだったのはガイド技術が下手だったのではなく、「観測を続けたい」という過度の執念が原因だったような気がします。大気が不安定になりシーイングが悪くなった時には露出を中断したほうがシャープな写真が撮れるのですが、ハッブルは露出時間を無駄にする思い切りに欠けていたのでしょう。筆者の大学院生時代、日本ではこのような「まじめな貧乏性」の観測のことを「ルンペン観測」と呼んでいました。

ハッブルの最初の研究は、天の川に沿って並ぶ明るい星雲や暗黒星雲を調べることでした。ハッブルの後輩にあたる天文学者メイヨールはこう回想しています。

「星雲に関するハッブルの知識は百科事典のようでした。１００個あまりのメシエ番号のついた天体はもちろんのこと、天の川の中のＮＧＣカタログ番号のついた数百個の星雲、暗黒星雲、星団、惑星状星雲について、ハッブルはその構造や隣の天体との位置関係を詳しく覚えていました」

観測する時間がたっぷりとあったハッブルは、実際いろいろな観測をしています。渦巻星雲の分光観測から、水素原子固有のスペクトル輝線が際だって太い渦巻星雲がいくつかあることも指摘しています。後にこれらの銀河を研究した天文学者にちなんで、このような銀河は「セイファート銀河」と呼ばれるようになりました。セイファート銀河の代表とも言えるＮＧＣ４１５１のスペクトルの異常性に着目したのも、おそらくハッブルが最初だったと思われます。これらの渦巻銀河の中心には巨大なブラックホールがあり、激しい活動をしているため、このような特徴が生じることが現在では、わかってきています。

そのほかにも球状星団や惑星状星雲の観測などもしていますが、その結果をすべて論文にしていわけではありません。観測でおもしろい発見があっても、それを論文にして発表するにはかなりの作業と時間が必要です。ハッブルは、ちょっとした発見を論文にするためにデスクに座るより、次の観測に向かうことを選んだのだと思われます。

銀河系内星雲

1922年5月、ハッブルはすべての星雲を、天の川の近くにある銀河系内の星雲と、天の川から離れた位置にある銀河系外星雲とに大別する論文を発表しました。この考え方は当時としては斬新なもので、現在の宇宙観にもつながっています。ハッブルはさらに、銀河系内星雲を惑星状星雲と、形があまり定かでないそれ以外の星雲に分けました。形の定かでない星雲としては、暗黒星雲や、優美に輝く発光星雲、反射星雲があります。

次の論文では「星雲は近くの星の光を受け、受けたのと同じ量の光を放っている。近くに明るい星がないか、あっても地球から見えない位置にある時には、暗黒星雲に見える」と結論づけています。さらに、惑星状星雲は目に見えない強い紫外線を星から受け、そのエネルギーが目に見える可視光として再放出されているらしいと、これまた後に正しいことが実証された推論をしています。

銀河系内星雲をこう理解したハッブルは、いよいよ銀河系外星雲、つまり銀河の研究に取り組み始めます。

天体の距離を測る

渦巻星雲のなかでも目立つアンドロメダ座の大星雲(口絵1)は、10世紀のアラビアの天文学者アル・スーフィーの星図にも描かれていたほどですから、少なくとも1000年前から人類が知っていた星雲です。18世紀後半、小望遠鏡で彗星(すいせい)を研究したフランスのシャルル・メシエは、彗星を探すときに紛らわしい天体をリストアップしました。天体観望に適した100ほどの星雲や星団を網羅(もうら)したこのリストは「メシエ・カタログ」と呼ばれ、アンドロメダ大星雲は31番目にリストアップされていて、現在でも「M31」と呼ばれています。

同じ頃、英国ではウィリアム・ハーシェル(ドイツ生まれ)が大望遠鏡を自作して何度も全天の星を数え、やがて銀河系が円盤状の恒星系であることを示しました。ハーシェルは2000個あまりの星雲を新しく発見しましたが、これらの星雲が我々の住む地球がある銀河系内にあるのか、銀河系のずっと外にあるのか、その後１００年ほどは深刻な議論がなされることはありませんでした。

ハッブルの時代には、天の川から離れた位置に散在する渦巻星雲などが銀河系内にあるのか外にあるのかを決めるには、その距離を測定することが鍵（かぎ）になることに皆が気づいていました。しかし、天体があまりにも遠くにあるため、その距離を測定することは簡単ではありません。

図2–3　セファイド型変光星の周期光度関係を発見した，ヘンリエッタ・リービット
AIP Emilio Serge Visual Archive

天体の距離測定では、「セファイド型変光星」ほど重要な役割を果たした天体はありません。そのきっかけをつくったのは、ハーバード大学天文台で写真測定にあたっていた女性職員ヘンリエッタ・リービットでした（図2–3）。彼女は１９０８年に、小マゼラン星雲中のセファイド型変光星の周期と光度（みかけの等級）の間に一定の関係があることに気が付きます。これらの星の地球からの距離は実際上同じですか

ら、リービットは「変光周期は本来の光度(絶対等級)と関係している」と結論したのです。

この関係はセファイド型変光星の「周期光度関係」と呼ばれるようになります。セファイド型変光星は、星の内部構造が不安定になり、膨らんだり縮んだりする星です。その物理がわかったのは20世紀後半のことですが、セファイド型変光星の性質は距離を測る物差しとして使えるということが1920年頃には、わかってきました。

よく勉強していたハッブルは、当然のことながらセファイド型変光星の重要性も認識していました。そして自分が星雲の研究で後世に名を残すことを、その頃から夢見ていたのです。

アンドロメダ大星雲の正体

1890年頃、アマチュア天文家が50㎝望遠鏡で撮影したアンドロメダ大星雲・M31のすばらしい写真に、渦巻のなかで星々が点々と輝いているのが認められました。1900年にはM31の中心部のスペクトルが撮影され、ガス星雲の特徴である輝線が見られないので「M31の中心部はガスの雲ではなく恒星系であろう」との研究も発表されました。

1885年、アンドロメダ大星雲に、明るく輝く星が出現しました。「Sアンドロメダ」

図2-4　リック天文台0.9ｍ望遠鏡とヒーバー・カーチス

と名づけられた有名な新星です。ドイツのジュリウス・フランツはSアンドロメダの距離を3角視差法(地球の公転軌道の大きさと恒星までの距離が作る細い3角形の角度を測る手法)で求めようとしましたが、角度が小さすぎて成功しませんでした。ほかにもM31の距離を測ろうとした天文学者がいましたが、だれも確かな結果を得ることに成功しませんでした。

１９１７年にウィルソン山天文台のジョージ・リッチーが、アンドロメダ大星雲の古い写真乾板から2つの新星を発見したことが、距離論争のきっかけになりました。１９２２年には21番目の新星がM31で発見されています。カリフォルニア大学リック天文台のヒーバー・カーチスは「これらの新星はたまたま手前にあるものではなく、M31に属する新星だ」と考えます。彼は、銀河系の他の場所で見つかっていた新星に比べて、１８８５年以外のM31の新星はかなり暗いことにも気づいていました。「１８８５年の新星はアンドロメダ大星雲で見つかった他の暗い新星と比べて際だって明るいものであり、大星雲の距離推定には使うべきでない」と、最初に指摘したのもカーチスでした(図2-4)。

1919年には通常の新星だけを銀河系内の新星と比べて、スウェーデンの天文学者クヌート・ルンドマークが、アンドロメダ大星雲までの距離を55万光年と算出しました。これは大きな一歩でした。でも、当時はまだ、際だって明るいSアンドロメダが普通の新星ではなく、「超新星」という別の天体であることが、わかっていませんでした。新星は星の表面に降り積もるガスが核融合(かくゆうごう)反応を起こして突然明るくなる星ですが、超新星は星全体が爆発的な核反応を起こして爆発する現象で、新星より1万倍も明るくなる現象だったのです。

このような流れの中、ハッブルは、「もっと信頼できる距離の目安となるセファイド型変光星をアンドロメダ大星雲に見つけてその周期を測れば、リービットの周期光度関係からその絶対等級を求めることができるはずだ。そのうえで絶対等級と見かけの等級を比べて計算すれば、セファイド型変光星までの距離が求められる。このセファイド型変光星がアンドロメダ大星雲に属していれば、星雲までの距離が求められる」と考えて変光星探しを始めたのでしょう。

渦巻星雲の大論争

1920年4月26日、アメリカ国立科学アカデミーは、2人の著名な天文学者、ハーロー・シャプレーとヒーバー・カーチスの公開討論会を企画しました。議論のメインテーマは銀河系の構造でしたが、渦巻星雲の正体の議論もからんでいました。

ちょうどこの頃、シャプレーはウィルソン山天文台からハーバード大学天文台の台長代理に就任するところでした。「6か月間の仕事ぶりによって台長にしよう」という約束があったので、ハーバード大学天文台の面々や著名な学者を聴衆とするこの公開討論会は、シャプレーにとって、とても大事な場でした。

それまでは、「銀河系は直径約2万光年の大きさの円盤で、太陽系は銀河系のほぼ中心にある」というカプタインの宇宙モデルが一般的でした。しかしシャプレーは、多くの球状星団がいて座に集中していて、球状星団に含まれる変光星の周期光度関係から、その距離がおよそ6万光年であることを示し、「太陽系は銀河系の中心からは外れたところにある」と唱えました。このことから、「銀河系はその直径が30万光年に及ぶ大きな恒星系であり、多数

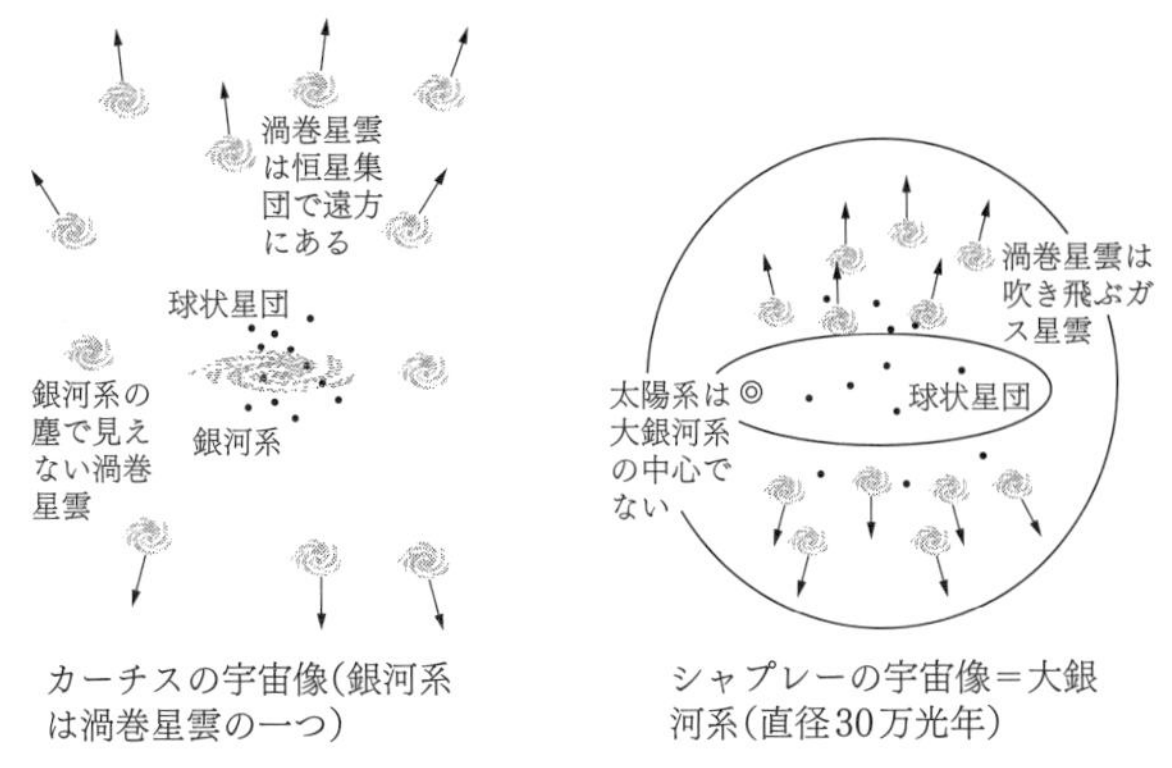

図 2-5　カーチスの宇宙像とシャプレーの宇宙像

の渦巻星雲がすべて遠ざかっているのは、渦巻星雲が銀河系の光の圧力をうけて周辺に飛散していくからだ」と説明しました。さらに「1885年の新星Sアンドロメダの光度と銀河系の新星の光度を比べて計算するとアンドロメダ大星雲の距離は近く、銀河系よりずっと小さい天体となるはずだ」ということも強調しました。議論のとどめとして、シャプレーの同僚だったファン・マーネンが測定した渦巻星雲の自転運動の測定結果からも、「渦巻星雲は銀河系よりずっと小さくなければならない」と結論しました。

これに対して、カーチスは「渦巻星雲の色やスペクトルは太陽などの恒星の色やスペクトルに似ているので、多数の星々の集まりと思われる」と指摘しました。さらに「渦巻星雲が天の川のあたりにほとんど見られないのは銀河面のなかの塵による吸収のためと考えればよく、渦巻星雲が銀河系に付随した天体と考える必要はない。また1885年の新星は他の新星より飛び抜けて明るいので異なる種類のものである可能性がある」とも指摘しました(実際、数年後には、Sアンドロメダが普通の新星より数万倍も明るい超新星であることがわかります)。「銀河が自転するのを測定した」というファン・マーネンの結果も、「測定精度がまだ不十分なので、独立な測定結果で確認する必要がある」と強調しました。

それぞれの主張にはそれなりの根拠があり、2人とも自分が議論に勝ったと思っていた節がありますが、結論は大きく異なっていました。この講演会の討論ではどちらが正しいのか、ここでは決着はつきませんでした。——なぜなら、肝心の渦巻星雲までの距離がわからなかったからです。

セファイド型変光星の発見

1923年夏、変光星の研究をもっと系統的に行うため、ハッブルはウィルソン山の1.5m

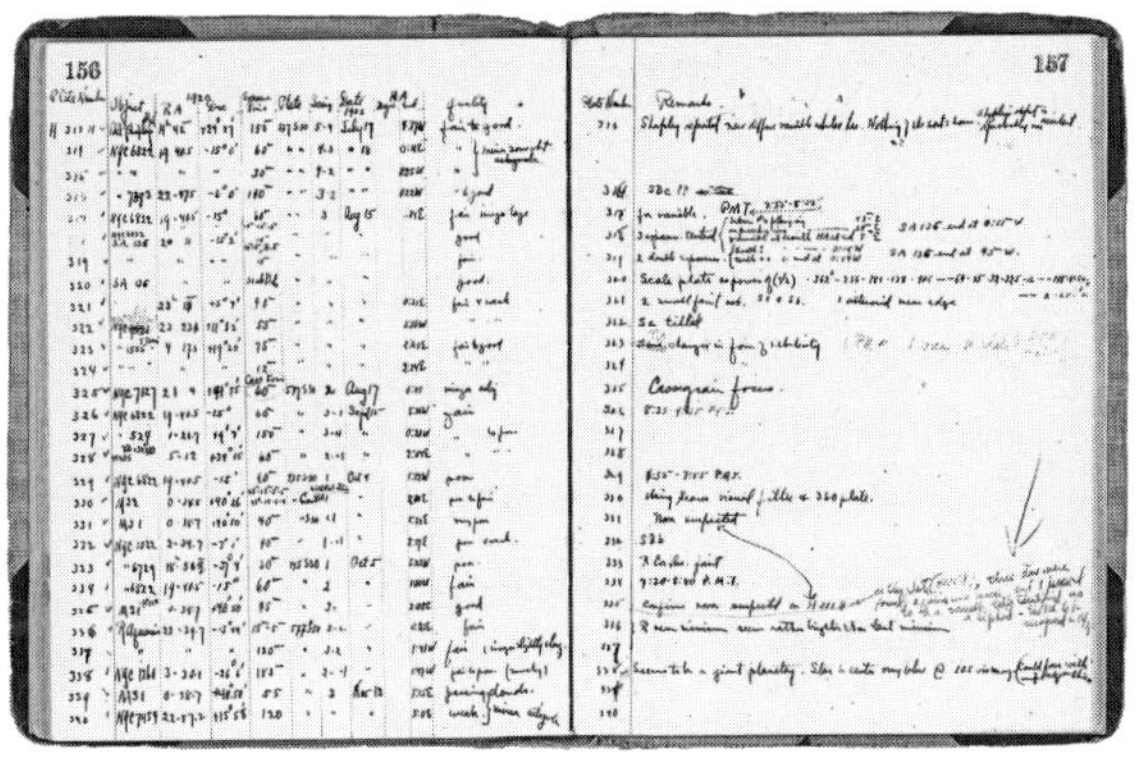

図2-6　ハッブルの観測日誌．156〜157ページに，アンドロメダ大星雲のセファイド型変光星発見の記録がある　HUB 1098

望遠鏡と2.5m望遠鏡を用いてアンドロメダ大星雲を精力的に観測し始めます。10月4日に2.5m望遠鏡で得られた最初の乾板に、明るさが変わっている3つの新星(Nova)候補が早速見つかり、ハッブルは10月6日の乾板番号H355Hに3つNと印をつけました。

その後、ハッブルは、ジョージ・リッチーが1.5m望遠鏡で1909年春に撮った乾板も含め、合計数十枚の乾板でこれらの星を確認しました。そして、10月23日には光度が変わる様子をグラフに描き、3つのうちの1つが新星ではなく、周期的に明るさが変わるセファイド型変光星であることを確かめたのです。興奮したハッブルは観測日誌の156〜157ページに、そのこ

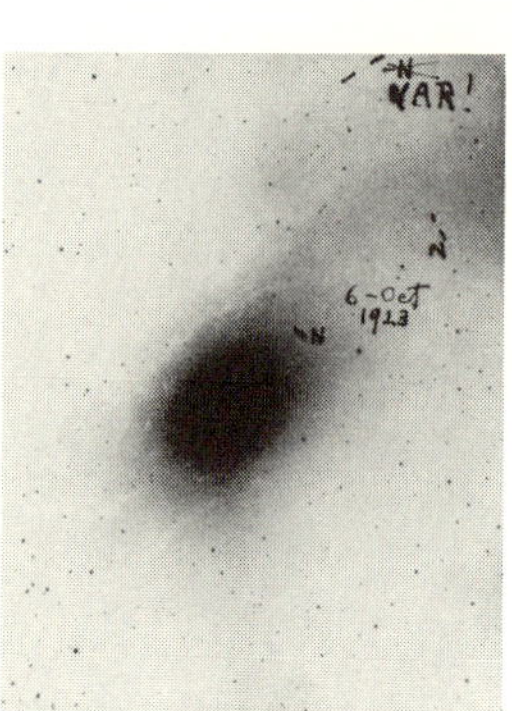

図2-7　1923年10月4日に撮影したM31の写真．3つの新星Nの1つがセファイド型変光星であることに10月23日に気づき「VAR!」と修正した乾板

とを追記しています(図2-6)。「この乾板で発見。10月23日」また、ガラス乾板には、新星のNの文字をバツ印で消した上に大文字で変光星を現す「VAR」に加えてビックリマーク(!)までつけて書き込んでいます(図2-7)。

この発見をより確実なものにするため、その後もハッブルは観測を続けましたが11月から1月までは天候が悪く、チャンスがありませんでした。やっと2月になって、晴天が続きます。ハッブルはアンドロメダ大星雲を6夜続けて撮影することができました。すると、その星がみるみる明るくなって行くのがわかりました。この星がセファイド型変光星でその増光期を観測していたことは、疑う余地がなくなりました(図2-8)。

ハッブル以前の天文学者は、だれ一人としてアンドロメダ大星雲でセファイド型変光星を探す試みなど思いつきませんでした。シャプレーが積み上げた多くの写真乾板は、それまでただ積まれていたのです。

1924年9月になって、ルンドマークがドイツ天文学会で「アンドロメダ大星雲の距離を正確に測るためには、セファイド型変光星を探す必要がある」と表明しましたが、この時彼はまだハッブルの成功のことは知りませんでした。

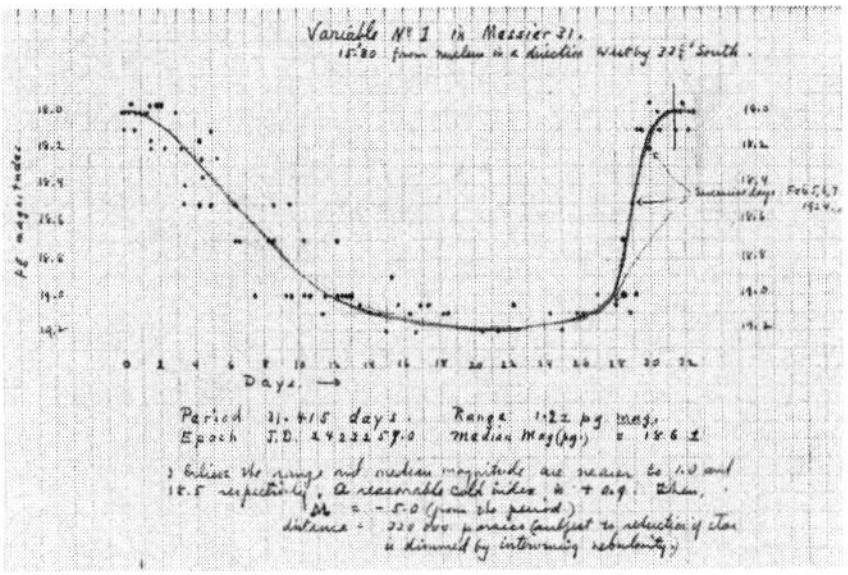

図2-8　ハッブルの著書『銀河の世界』(1936年)に掲載された，アンドロメダ大星雲のセファイド型変光星の光度変化を表す図

シャプレーの宇宙像を壊した手紙

ハッブルはハーバード大学天文台長になっていたシャプレー宛てに1924年2月19日に手紙を送り、彼の発見を初めて報告しています。

　私がアンドロメダ大星雲M31のなかにセファイド型変光星を発見したと聞けば、関心を持っていただけると思います。今季、私は天候の許す限りこの星雲を頻繁に観測しました。その結果、9つの新星と

2つの変光星を発見しました。変光星の1つ目は星雲の中心核より約16分角(角度1度の60分の1が、1分角)ほどの渦巻腕の縁にあります。(中略)

荒っぽいものですが、この変光星の光度曲線を同封致します(図2-8)。これは典型的な星団型のセファイドだと思います。31・415日の周期をあなたの周期光度関係に当てはめて距離を求めると、100万光年以上となります。

アンドロメダ大星雲までの距離が約100万光年であり、銀河系の外にあることは、この手紙を読んだシャプレーも認めざるを得ませんでした。そしてより暗い他の銀河も大宇宙のなかの島々のような存在であることを、この結果は示していました。これはシャプレーの考えていた宇宙像が正しくないことを意味していました。

ハッブルの手紙がシャプレーに届いたとき、たまたまそばにいた後輩の女性天文学者のペイン・ガポシュキンは、シャプレーがその手紙を示して「この手紙は、私の宇宙を壊してしまった」とつぶやいたのをよく覚えているそうです。

シャプレーはハッブルに2月27日に返事を書きました。

アンドロメダ大星雲の方向にある変光星に関するあなたの手紙は、長年私が見た論文のなかでも、最も衝撃(しょうげき)的なものでした。

シャプレーもファン・マーネンも、もうハッブルに反論する術がありませんでした。こうして、「大論争」に決着がついたのです。

ところがこの年のウィルソン山天文台の年次報告には、不思議なことに最も重要な結果であるアンドロメダ大星雲までの距離については一言も触れられていません。おそらく、アダムス台長が慎重(しんちょう)を期し、他の変光星の解析結果を待つことにしたのでしょう。実際、1924年の末までには、ハッブルは合計約200枚の乾板を撮影して、M33やNGC6822にもセファイド型変光星を確認することに成功しました。

銀河を分類する

それまでの星雲の分類としては、例えばシャプレーと論争したリック天文台のカーチスは

「銀河系内星雲と系外星雲を含むすべての星雲は、基本的には惑星状星雲、散光星雲、渦巻星雲の3種類に分類できる」と主張していました。しかし、楕円型で渦巻模様がまったく見えず明るさが周辺ほど減少していく星雲が、天の川から離れたところには数多くあることにハッブルは気づいていました。その一例が、アンドロメダ大星雲のすぐそばにある丸い星雲M32です。天の川から離れた位置にある星雲のなかには、どう見ても形が整っていないものもありました。

もう一方の極端なやり方は、特徴を詳しすぎるほど並べ立てて異なる型を乱立させる分類法です。マックス・ウォルフが提案した分類体系では23種類もの型がありました。レイノルズの提案した分類体系も、同じようにあいまいなものでした。

1922年には、スライファーが国際天文連合の星雲部会長に選ばれました。スライファーは、部会として星雲に関する研究の調査を始めます。星雲部会のアメリカ分科会の記録にも「恒星をその進化に従って分類することに成功した今、星雲についても同じような分類ができるであろう」と書かれています。

1923年7月24日、ハッブルはスライファーに新しい分類体系の記述を送っています。

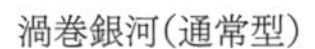

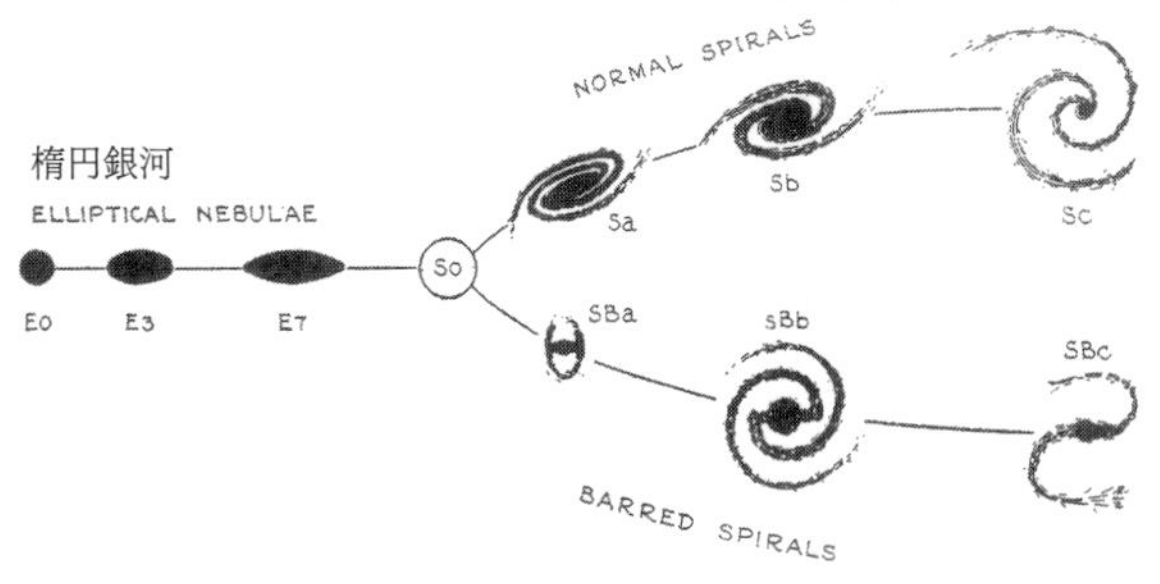

図2-9　著書『銀河の世界』(1936年)に掲載された，ハッブルによる銀河の分類系列

ハッブルの分類体系は、単純で洗練されたものでした(図2-9)。彼はすべての系外星雲を3つのグループに分類しました。楕円銀河E、渦巻銀河S、不規則銀河Iです(ハッブルは生涯を通して「星雲」ということばを用い、「銀河」という用語を使いませんでしたが、本書では系外星雲は銀河と呼ぶことにします)。

楕円銀河のグループには、球形のものからかなりつぶれた楕円型のものまであります。渦巻銀河には、渦巻腕が中心から出ている通常型Sと、棒構造から出ている棒渦巻型SBとがあります。さらに渦巻銀河は腕の巻込みの程度に応じてa、b、cの記号をつけて細分され、それぞれを早期型、中間型、晩期型と呼びます(図2-10)。この名前の付け方は英国の天文学者、ジェームズ・ジーンズの銀河進化論の影響を強く受け

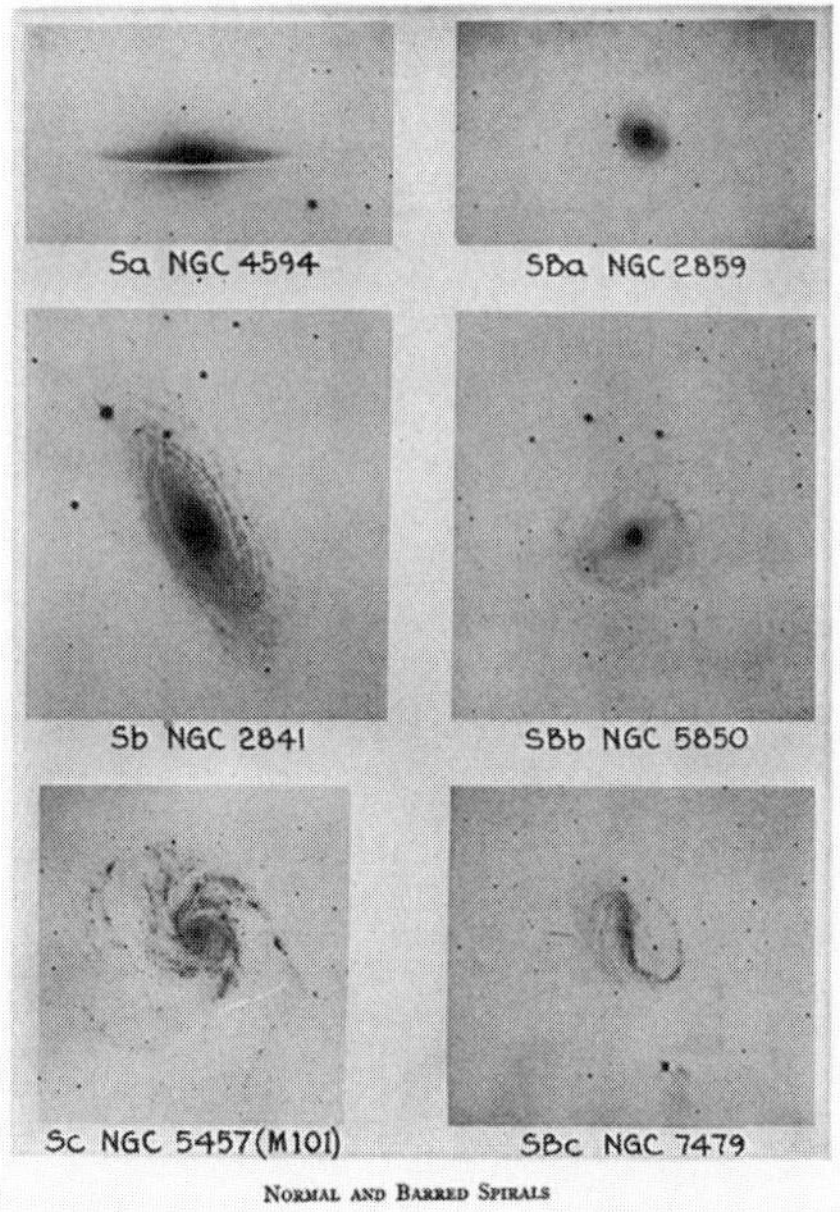

図 2-10　ハッブルの渦巻銀河の分類に関する論文で示された，銀河の形の典型例．上から早期型・中間型・晩期型　1926 年　ApJ. 64, 321

たものでした。

しかし、英国ケンブリッジで1925年の夏に開催された国際天文連合の第2回総会で、欧州の委員たちは、「ハッブルの分類体系は、物理的にはまだよくわかっていない星雲の進化の概念に基づいている」と警告しました。「より純粋に記述的な体系のほうがよい」という意見が多く、ハッブルの分類体系を公式のものとすることには賛成が得られませんでした。

ところが1926年の春、英国の天文学者アイザック・ロバーツの未亡人で、委員の一人でもあったドロシー・ロバーツが、フランスの一般向け科学雑誌で、ハッブルの分類を「すばらしいもの」と賞賛します。こうして、ハッブルの分類はすべての天文学者の知るところとなったのです。

それでも1926年9月、星雲部会が自分の分類を受け入れる可能性がないと判断したハッブルは、天体物理学会誌に銀河系外星雲(銀河)に関する長大な論文を送りました。彼の論文は、その年の12月号に掲載されました。ハッブルは分類法を説明するだけでなく、銀河のすべての型についてその実例を写真で示しました。銀河の97%は対称性があり、不規則型と分類されたのは3%にすぎませんでした。

ハッブルは、「理論的考察とはまったく独立に、純粋に記述的な銀河の分類体系をつくる努力をしたが、結果的にはジーンズが理論的に導いた進化の道筋と同じものができてしまった。これは、ジーンズの理論が正しい指針であるということを示唆している」と書いています。

ただし、ハッブルの銀河の分類系列を銀河の進化と結びつける考え方は現在では否定されています。

ルンドマークとの葛藤

1926年の春、クヌート・ルンドマークがハッブルの提案にそっくりな分類法を論文で発表しました。ルンドマークもすべての星雲を銀河系内の星雲と系外星雲に分類し、系外星雲を楕円型、渦巻型、マゼラン星雲型(つまり不規則型)の3つに細分したのです。

6月22日、ハッブルはスライファーに宛てて怒りの手紙を書いています。

ルンドマークが「星雲の予備的分類法」という論文を発表したのを見ましたが、これは私の分類法と表記名が少し違うだけで、実際上同じものです。彼は私の存在を無視し、その分類法が自分のものであるがごとく述べています。この事実を貴方に公式に報告します。このようなやり方で成果を横取りすることを、私は見過ごせないからです。

ハッブルは、ルンドマーク自身にも痛烈(つうれつ)な手紙を送っています。ルンドマークは1921年6月にウィルソン山天文台に着任して以来、ハッブルのそばに2年以上いました。

1926年にはスウェーデンにいたにしても、ルンドマークがハッブルの研究を知らないはずはありませんでした。ハッブルが提案した星雲の分類法を議論した星雲部会にも、ルンドマークは出席していたからです。

ルンドマークの論文にはウィルソン山天文台の多数の同僚の助力に謝辞(しゃじ)を述べていますが、ハッブルについては一言も触れていません。これはやはりとても不自然で、ルンドマークがハッブルを意識していたことを逆にものがたっています。シャプレーに別件で手紙を書いた折りにも、ハッブルは「ルンドマークを人間としても科学者としても信用しない」と述べています。

しかし、ルンドマークはハッブルの攻撃に対して敢然(かんぜん)と反論しました。ルンドマークの分類にも、光の中心への集中度など、ハッブルとは違う着眼点があります。彼はもう星雲部会の委員ではなく、1922年の分類の論文以後のハッブルの研究については知らなかったというのです。それに、もし先人を尊重せよというのならハッブルこそ「楕円」や「渦巻」という用語が19世紀中頃にアイルランドの天文学者ロス卿(きょう)(ウィリアム・パーソンズ)らが用いたものであることを書くべきだった、と皮肉ったのです。

結果的には、ハッブルの分類はどこかで公式にお墨付きを与えられたわけではありませんが、その後、世界中で銀河分類のスタンダードになっています。

グレースとの出会い

さて、渦巻星雲について論争が繰り広げられていたころ、ハッブルの私生活にも大きな変化が訪れました。それは、後に妻となるグレースとの出会いです。しかし、結婚に至るには、まるでミステリー小説のような経緯がありました。

図2-11　グレース　1931年
HUB 1047

1920年の夏、リック天文台の天文学者ウィリアム・ライトは、自分がつくった紫外線分光器をウィルソン山2.5m望遠鏡につけて観測することになりました。ライトはシエラネバダ山脈を知り尽くした山男で、仲間からは「隊長」と呼ばれていました。山歩きが好きな妻エルナは、夫についてウィルソン山に行くことにしました。でもライトが夜どおし観測している間、天文台の近くの山小屋にたった一人で泊まるのは不安だったので、エルナは夫の姪で弟の妻でもあったハイキング仲間のグレース・リーブを誘ったのです(図2-11)。

山へ向かう途中、グレースはハッブルのことを叔父のライトから初めて聞かされます。ライトはこう言いました。「ハッブルは有能な男だ。だが、がむしゃらな働き者だ。宇宙について新しい発見をしたいという野心を持っているが、そこがまだ若いところだな……」と。

オランダの天文学者の名前をとって「カプタイン小屋」と名付けられた山小屋についたエルナとグレースは、天文台の図書室から本を借りることにしました。図書室に入ったグレースの目を惹いたのは、窓辺で写真乾板を調べていた背の高い男の姿でした。グレースはこの出会いのことを、後にこう語っています。

「天文学者が乾板を調べていること自体は、なにも特別のことではないでしょう。でも、その天文学者がオリンピック選手のように体格が良く、美男子で、優美な男性だったとしたら。そのような出会いに、女性が何か特別なものと感じてしまうのも、不思議ではないでしょう。俗世界から離れて、こんなところで一心に研究に打ちこむ姿は、何か神々しささえ感じさせたのです」

ハッブルが振り返ると、エルナは彼をグレースに紹介しました。その後、4人は山小屋に戻り歓談しました。このとき、グレースはハッブルが自分の仕事を盛んに「夢と冒険」と言うのに気がつきました。ハッブルも、美しく黒い瞳のチャーミングなこの若い女性に、すぐさまとりこになったのでしょう。このとき、グレースは自分が既婚者であること、エルナの義理の妹であることを、あえて言わなかったようです。それまでの人生からすると、30歳のハッブルにとって、このような出会いはおそらく初めてのことだったのでしょう。

謎の死

グレースはサンノゼ・サンタクララ鉄道の社長ジョン・パトリック・バークの長女として、ハッブルと同じ1889年に生まれ、何一つ不自由ない生活を送りました。後の第一ナショナル銀行の副頭取になったバーク家の屋敷には寝室だけでも10部屋あり、住み込みのメイドと2台のキャデラックの運転手がいました。西ロサンゼルスの名門女子校を卒業してスタンフォード大学の英文学科に学んだグレースは、オールAの優秀な成績で1912年に卒業しています。その年の12月、グレースは大学の1年先輩で資産家の息子のアール・リーブと結婚し、バーク家の屋敷内で新婚生活が始まりました。

グレースが夫アールの姉のエルナに誘われてウィルソン山に出かけ、ハッブルに出会ったのは結婚後8年目のことでしたが、グレースとアールの間にはまだ子どもがありませんでした。アールは南太平洋会社の地質学調査を担当し、資源の実地調査のため家を空けることが多かったようです。

事故が起きたのは2人が出会った翌年、1921年6月15日の昼過ぎのことでした。地質調査のため、炭坑の縦穴のはしごを降りていったアールは、地下15mのところで酸欠で呼吸困難になって、地下30mの穴の底に転落してしまったのです。ガスのため、直接救出に降りて行くことができなかったので、ロープとフックを使って午後7時になってようやく引き上げられた遺体は、背骨や両足の骨が無惨（むざん）にも折れていたそうです。

事故を報道した地元紙は「10年以上経験のある地質学者が、なぜガスマスクをつけずに、しかも1人で降りていったのか？　謎が残る」とコメントしました。これを受けて州産業事故調査委員会や検死官も、事故原因の調査を行いましたが、死因が窒息（ちっそく）死だったのか落下によるものだったのかさえも究明できずに終わってしまいました。

結婚

グレースとエドウィンの間には、この事件の翌年1922年にはロマンスが芽生えていたようですが、この頃の2人の間の手紙は、まったく残っていません。おそらく、グレースが資料一式をハンティントン図書館に寄贈した際に、プライベートな手紙類を処分したからでしょう。ハッブルはグレースに、本を次々にプレゼントしていたようです。

1923年9月10日の皆既日食の観測の時、2人は再会できるかと密かに期待していたようです。ですが、このチャンスは実現しませんでした。グレースは叔父のウィリアム・ライトについてリック天文台のチームに参加し、ハッブルはウィルソン山のチームに参加することになったためです。日食観測で会う機会を逃した2人は、その直後にサンディエゴで会うことにしました。

これをきっかけに、やがてハッブルはウィルソン山での一連の観測が終わるたびに、ロサンゼルスのグレースの家に直行するようになり、暖炉の前でグレースと語り合ったりするようになりました。ハッブルは自分の生い立ちについても、グレースに語って聞かせました。

ただ、これらの話のなかには、恋する若者らしい誇張（こちょう）があったようです。ハッブルの家族とは500㎞も離れていましたし、父を亡くして裕福とは言えなくなった実家と名門出身のグレースとでは正直に話すにはあまりに家庭環境が違うという負い目もあったのでしょう。ハッブルは話が上手だったので、グレースは疑うこともなかったようです。

裕福なグレースの両親の手前もあったのでしょうが、グレースにプロポーズするとき、ハッブルは「グレースに経済的苦労をかけないよう、天文学を諦（あきら）め、オックスフォードで学んだ法学の知識を活かして、弁護士になる」と申し出ました。グレースは「あなたが天文学を諦めねばならないのなら、結婚はしない」と言って、猛反対します。――どうも、このあたりのやりとりは、ハッブルの筋書きどおりに運んだのではないかという気がします。

やがてグレースの両親もハッブルの熱意に心を動かされ、2人は1924年2月26日にバーク家の人々のみの参列で結婚式を挙げます。新婚旅行はサンフランシスコの南のペブル・ビーチにあるバーク家の別荘でした。グレースにとっては再婚となるので、派手なことは控えたようです（図2-12）。

ハッブル夫妻はその後、3月中旬にカリフォルニアからニューヨークに渡り、ボストン近郊のハーバード大学でシャプレーに面会しました。シャプレーはハッブルから「アンドロメダ大星雲にセファイド型変光星を発見した」という衝撃的な手紙を前月に受け取ったばかりでした。シャプレーは、どのような気持ちでハッブルを迎えたのでしょうか。

シャプレーとの面会が済むと、ボストンからは船で英国のリバプールに向かいます。ロンドンを見学したあと、懐かしのオックスフォードとケンブリッジを訪れ、その後、パリ、フィレンツェなども訪れ、その先々でハッブルの発見を知った天文学者の歓迎を受けました。結局、ハッブルたちが欧州への事実上の新婚旅行から戻ったのは2か月後の1924年5月のことでした(図2-13)。

図2-12　2人が結婚した1924年2月26日に，バーク家の玄関階段で撮影 HUB 1048(1)

戻ったその夜から、ハッブルは1週間の観測に入りました。観測を終えてウィルソン山から下りてくると、グレースがパサデナのカリフォルニア工科大学の近くに、小さなアパートを用意して待っていました。1階には居間と台所、2階には寝室と風呂場という、こぢんまりしたアパートでしたが、長く独身生活をしていたハッブルはたいへん喜んだそうです。

——美しい人妻と、映画スターにでもなれそうなタフガイの山頂での衝撃的な出会い。グレースの夫の謎の事故死、その後の2人の急接近、結婚までのハッブルのさまざまなかけひき。そして一癖あるハッブルの性格……、これは誰もがミステリー作家のように、つい妄想をたくましくしてしまいそうですね。

図2-13　グレースとエドウィン・ハッブルのパスポート写真　1934年　HUB 1048(4)

奔放ハッブルと苦労人アダムス

1922年、以前から極度のストレスで心身症だった天文台長ヘールの症状が一層重くなりました。1923年3月、カーネギー財団理事長に宛てた手紙で、ヘールはウィルソン山天文台の後任の台長にアダムスを推薦しています。

ウィルソン山天文台時代のシャプレーは、1回り年上のアダムスとは、そりが合いませんでした。シャプレーの友人でプレイボーイとしても知られていたファン・マーネンも、まじめなアダムス台長とは、気が合わなかったようです。ハッブルはこんな人間模様を横目で見ていました。ハッブルの名声が次第に高くなるにつれて、天文台ではアダムスよりもハッブル自身が目立つようになってきました。

グレースによると、1922年だけでも、ハッブルは英・仏・ポルトガルに合計3か月の海外出張をしています。そして先述のように、花嫁と共に2か月に及ぶ訪欧の旅です。天文台は、花嫁の旅費も負担しました。この間、アダムス台長やウィルソン山のほかの天文学者は1か月以上の休暇をとっていませんでした。当然ながら、ハッブルが毎年のように長期にわたり出かけることを、おもしろくないと思う同僚も多かったようです。

しかし当のハッブル夫妻は、同僚のそんな思惑は意に介さず華やかな生活を繰り広げ、有名人を好んで自宅へ食事に招くようになりました。苦労人のアダムスは、そんなハッブルに対する同僚たちの不満をなだめるのにずいぶんと腐心したようです。

栄光を手に

話を天文学に戻しましょう。ハッブルのセファイド型変光星発見のニュースは、1924年11月23日、有力新聞「ニューヨーク・タイムズ」に掲載されました。見出しは「渦巻星雲は恒星系と確認　ハッベル博士(つづりを間違えて伝えています)は、これらの天体が我々の銀河系と同じような恒星系であることを確認した」。本文は次のようなものでした。

11月22日、ワシントン。夜空に渦巻く雲のように見える渦巻星雲が、じつは遠くの恒星系であることが、カーネギー研究所ウィルソン山天文台のエドウィン・ハッベル博士により、天文台最大の望遠鏡を使った観測で確認された。天文台からの公式報告によると、渦巻星雲の数は全天で10万個以上にのぼり、その見かけの大きさがほとんど星と区別できないほどのものから、アンドロメダ大星雲のように満月の直径の6倍、角度にして約3度にも及ぶほどの大きなものまである。

ハッベル博士の研究は、天体が極めて暗いため、ウィルソン山天文台の1.5m望遠鏡と2.5m望遠鏡での写真観測で行われた。これらの大望遠鏡のおかげで、渦巻星雲の周辺部が星々に分解でき、写真乾板の解析から、セファイド型変光星と呼ばれる36個の変光星がアンドロメダ大星雲M31と三角座の大星雲M33に発見された。変光星の変光周期を測り、周期と絶対光度の間の関係式に当てはめると、これらの大星雲の距離を求めることができた。

その結果は、これらの星雲がきわめて遠方にある恒星系であることを示しており、たいへん意義深い。これらの星雲は小マゼラン星雲の10倍ほど遠方にあり、その距離はおよそ100万光年である。このことは、毎秒30万kmの速さで伝わる光でさえ、これらの星雲から地球に到達するまでに100万年かかることを意味している。我々が観測しているこれらの天体からの光は、第3紀最新期、鮮新世(せんしんせい)の時代にこれらの星雲を出発した光である。

これらの星雲の距離が判明したため、アンドロメダ大星雲の直径は4万5000光年、M33の直径は1万5000光年と計算できる。これらの大きさやそれから計算される質量、密度は我々の銀河系の値にほぼ匹敵(ひってき)するものである。

さらなる高みへ

この年のアメリカ天文学会は1924年12月30日からワシントンでアメリカ科学振興協会との共催で開催されました。その記念公開講演として、プリンストン大学天文台長だったヘンリー・ノリス・ラッセルが総合報告の講演をすることになりました。

ラッセルはハッブルの成果の重要性をすぐに見抜いていました。ラッセルは「サイエンス・サービス」誌の編集長に宛てた手紙で、ハッブルの発見を「間違いなく、この年最高の科学上の業績だ」と述べています。ハッブルの研究が12月のこの学会で発表されれば、アメリカ科学振興協会賞を間違いなく受賞するだろうとラッセルは思っていました。

ところが、ハッブルがまだこの論文を学会に投稿していないことに気付いて慌てたラッセルと学会の庶務理事ステビンスは、「2人で代筆して投稿するので、すぐさま主な結果を連絡するよう」とハッブルに電報を打つことにします。ちょうどそのとき、ハッブルからラッセル宛ての小包で論文が届いたのでした。

ラッセルは二日後の1925年1月1日に、届いたばかりのハッブルの論文を公開講演会で読み上げました。その論文の題目は「渦巻星雲のセファイド型変光星」でした。

論文では、まずアンドロメダ大星雲M31や三角座の大星雲M33の外部領域を大望遠鏡で写

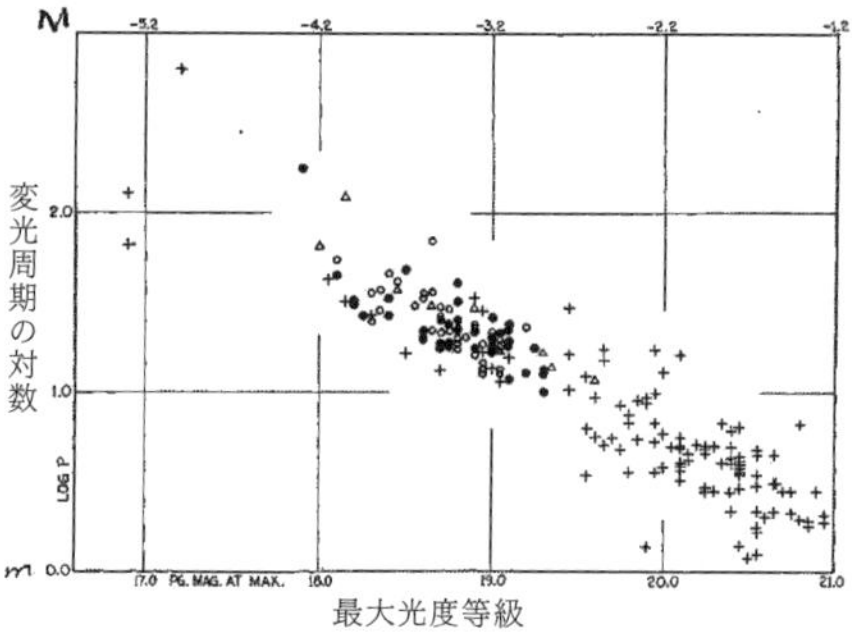

図2-14　銀河系外セファイド型変光星の周期光度関係．最大光度等級(横軸)と変光周期の対数(縦軸)の測定値の分布．●黒丸がM31の40個の，＋印はシャプレーが求めた小マゼラン星雲の，他の印はM33やNGC6822のセファイド型変光星　1929年　ApJ. 69, 103

真撮影すると、明らかに無数の星々の集まりであることがわかったことが明言されていました。同じ領域を撮影したおよそ200枚にのぼる乾板を丁寧に調べた結果、M31に合計46個の変光星を発見し、そのうち12個がセファイド型変光星であったと報告しています。M33でも47個の変光星のうち22個がセファイド型変光星でした。2つの星雲のセファイド型変光星は、1908年にリービットがマゼラン星雲で発見したセファイド型変光星の周期光度関係と同じような関係を満たすことも確かめています。1918年にシャプレーが確立した絶対光度と周期の関係を使うと、M31とM33の距離はどちらも約93万光年になるというのです(図2-14)。

　ラッセルの講演で、ハッブルの論文がこの年の最大の成果であるということは、誰の目にも明らかでした。学会の評議員会は、ハッブルの研究が間違いなく賞に値するとして、受賞のために必要な申請書を整えるようラッセルに指示しました。

1925年2月13日、アメリカの権威ある学術雑誌「サイエンス」は、科学振興協会の授賞選考委員会が、この年の賞をエドウィン・ハッブルとシロアリの研究家の2人に分与することを報じました。「太平洋天文学会誌」はハッブルの受賞を読者に知らせ、ハッブルの地位は公のものとなりました。こうして1925年刊行のアメリカ紳士録には、彼の名前が初めて登場することになりました。ハッブルは受賞をたいへん喜び、2月19日にラッセルに感謝の手紙を書いています。

ハッブルの研究成果は、アメリカの「ポピュラー天文学」という雑誌の1925年4月号で紹介され、その後まもなく英国の雑誌「天文台」にも転載されました。ラッセルは「サイエンティフィック・アメリカン」誌に毎回コラム記事を書いていましたが、3月号にハッブルの発見について解説記事を書きました。こうしてハッブルの発見は世界中の天文学者に知られるようになったのです。

「銀河は回っているはず」

一方で、ハッブルの発見によって苦い思いをした人が、ハーロー・シャプレーのほかにもいました。すでに何度か登場している、アドリアン・ファン・マーネンです。

ファン・マーネンは、1912年にウィルソン山天文台で研究を始めました。彼は1921年には予備的論文を発表し、1923年には三角座の大星雲M33の回転に関する論文を発表しています。ファン・マーネンがこの研究に用いた乾板は12年の間を隔てて撮られたものでした。それぞれの乾板に写っている恒星を基準にして渦巻腕のいろいろな部分の位置を測り、彼は「星雲全体が回転運動していることを測定するのに成功した」と報告しました。ファン・マーネンの計算では、M33は6万年から24万年で1回転していることになります。

ファン・マーネンは他の渦巻星雲でも同じような回転があると報告したため、当初多くの天文学者は、彼の結果を受け入れました。ファン・マーネンは自分の結果に自信を持っていましたが、アンドロメダ大星雲と三角座の大星雲にセファイド型変光星が見つかったため、話はややこしくなりました。もし、ハッブルの距離測定が正しければ、見かけの回転運動を実速度に換算すると光速を超えてしまうからです。

ファン・マーネンの依頼で乾板の再測定をした太陽物理学者セス・ニコルソンがハッブルにデータを見せたとき、ハッブルは「測定結果は誤差の範囲にあり、回転しているという結論にはならない」ことをすぐに見抜きました。このような回転運動を正確に測るには、長い年月が必要です。

それから約10年後の1935年、ハッブルは20年間隔てて撮影されたM33、M51、M81、M101の4つの銀河の写真を測り直すことにしました。ハッブルは自分のほかに、ウィルソン山天文台のニコルソンとバーデにも独立に測定をしてもらい、その結果を副台長のシーレスにも解析してもらうことにしました。

もしファン・マーネンの結果が正しければ、こんどの新しい解析では、乾板上で15ないし20ミクロンの回転移動が測定できるはずでした。——ところが、測定誤差の1ミクロン以上の有意な位置の変化はありませんでした。

こうして、ファン・マーネンの結果は間違いであることが示され、渦巻星雲は銀河系内の小さな星雲ではなく、我々の銀河系の外にあり、銀河系と同じ規模の独立した銀河であるこ

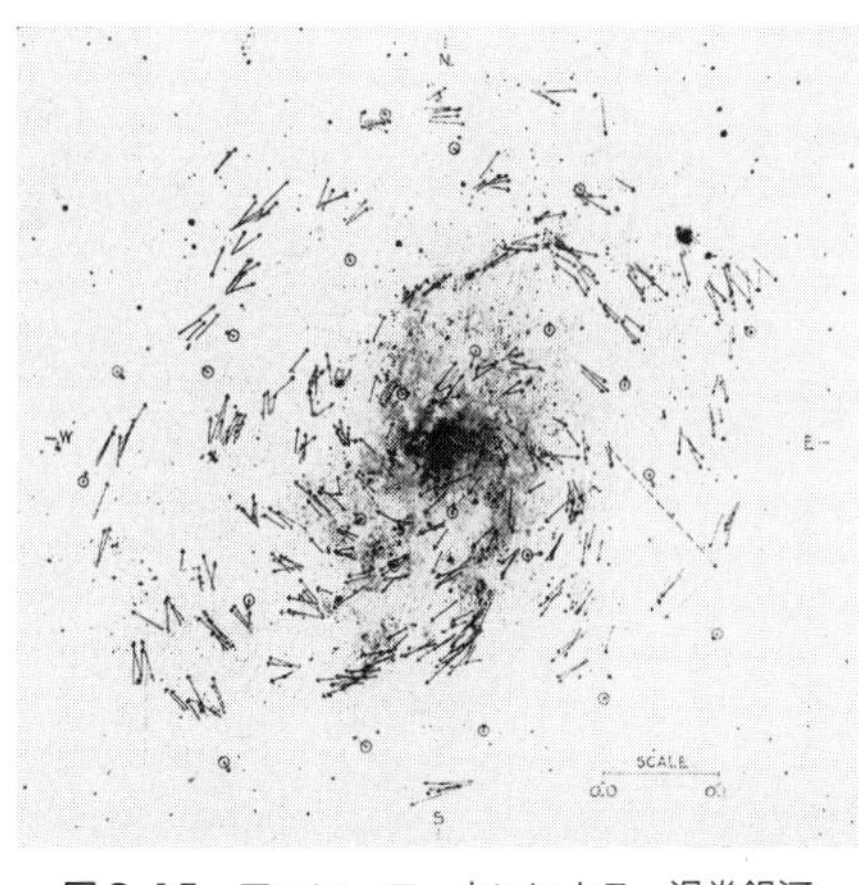

図2-15　ファン・マーネンによる，渦巻銀河 M33の回転運動の測定データ．各点の回転運動の方向と大きさが矢印で示されている 1923年　ApJ. 57, 264

とを、皆が納得するようになったのです。

しかし、ファン・マーネンの銀河の回転運動の測定は、現在でいう「データの捏造」ではありません。「銀河は回っているはず」という主観が、無意識のうちに測定にバイアスがかかる結果になったものと思われます(図2-15)。

近年、信頼できる学術誌では、第三者の専門家が論文の内容をチェックする「査読制度」を採用していますが、査読する者も万能ではありません。科学の世界では、まったく独立な研究者が同じ結果を報告することで初めて、その信頼性が増すことになるのです。

もともと関係の良くなかったハッブルとファン・マーネンですが、その確執は深まる一方でした。これについては、後で詳しく語ることにします。

断層の上の家

ハッブルたちが結婚して2年経った1926年の春、ハッブルとグレースが楽しみにしていたスペイン風の新居がウィルソン山の見えるウッドストック通り1340番地に完成しました。サンタバーバラの研究所からは3㎞ほどの距離です。

新居は崖(がけ)から数十mのところにあり、この家が断層の上に建っていることは明らかでした。ハッブルはこのことをむしろおもしろがり、訪ねてくる客に説明していました。カリフォルニア工科大学の地質学者の友人が、この断層を「ハッブル―ハンティントン断層」と名づけたと聞いて喜んだそうです。新居の書斎は、一段低くなった居間の端に作られました。その壁にはニュートンなど偉大な科学者の肖像画(しょうぞうが)がかけられ、机の前の棚には様々なパイプやたばこが並んでいました。

ハッブルの給料は副天文学者から正天文学者に昇進してほぼ3倍となり、年収4300ドルとなっていました。米国の物価指数の統計から2016年に換算すると、これは年収約6

万ドル、日本円で７００万円に相当します。新居の建築費用はグレースの実家からの結婚祝い金で購（まかな）いましたし、グレース自身もかなりの資産を持っていたので、ハッブル家は経済的にはまったく心配ない状況でした。

観測に出かける日のハッブルは、朝食を済ませると新聞も読まずに「第３４３大隊ハッブル少佐」と書かれたバッグに、着替え、たばこ、本、懐中電灯などを詰め込んで出かけて行くのでした。

順風満帆（じゅんぷうまんぱん）のハッブル夫妻を、さらに喜ばせる出来事がありました。37歳になっていたグレースが、妊娠したのです。ところが、喜びは続きませんでした。ハッブルが観測でウィルソン山に登っているとき、グレースは具合が悪くなり、流産してしまったのです。子どもは男の子だったそうです。気丈なグレースは「観測の妨（さまた）げにならないように」と、夫が戻るまで医者に口止めしました。流産を知ったハッブルは残念に思ったに違いありませんが、グレースの心遣いを知り、２人はいっそう互いを敬愛することになりました。

ちなみにこの家はハッブルの死後もグレースが住み続けましたが、１９７３年頃に売却され、別の一家の所有となりました。少し増改築されていますが、１９７６年には国の歴史的

図2-16　ハッブル夫妻の家．カリフォルニア州サンマリノ，ウッドストック通り1340番地．（左）1930年頃　HUB 1050 (1)，（右）2008年筆者撮影

建造物の指定を受けたので、現在も当時の面影を残して存在しています。私も一度、現在の所有者にインタビューを郵便で打診してみたのですが、回答がありませんでした(図2-16)。

「客星」の正体

1928年の春、ハッブルは4年ぶりに英国を訪れます。3月9日には王立天文学会に出席して、エディントンやジーンズなど英国を代表する天文学者に温かく迎えられました。この年の7月には、オランダのライデンで開かれた第3回国際天文連合総会に出席し、星雲委員会の委員長に選出されています。

同じ年、アメリカ天文学会が発行する会誌に、ハッブルは総合解説論文を書きました。この論文のなかで、かに星雲について述べています。

1054年におうし座に現れた「客星（かくせい）」と呼ばれた明るい新

しい星があり、この星のことは日本でも小倉百人一首の撰者として知られる貴族・藤原定家が記した『明月記』や、中国の書物にも記載されています。かに星雲が、その「客星」とごく近いところにあるということは、１９２０年代にすでに指摘されていました。当時、天文学者ジョン・ダンカンなどは、この星雲が膨張していることを突き止めて、その膨張速度を測定することにも成功していました。

ハッブルは、膨張運動を逆にたどって、爆発がいつ起こったのか調べることを思いつきます。そしてその膨張速度から、星雲の爆発が約９００年前に起こったこと、その時期は「客星」が現れた時期に一致することを示しました。こうして、ハッブルはかに星雲と「客星」がその位置だけでなく、時代についてもつながりがあることを示したのです。

ちなみに、可視光(目に見える光)だけの観測から電波やＸ線での観測も可能になったその後の天文学の歴史のなかで、かに星雲は常に重要な役割を果たしてきました。かに星雲は、太陽を別にすれば、電波を発する天体源として最初に同定されました。Ｘ線天体としても最初に確認されています。

かに星雲のなかには、非常に周期の短いパルス状の電波を出す天体「パルサー」があります。正確な周期で信号が届くことから、パルサーは「宇宙文明からの信号か?」と騒がれたこともありますが、現在では超新星爆発でその中心に残った中性子星が高速スピンする灯台のようにビームを放っている天体であることがわかっています。中性子星とは太陽を直径10㎞に縮めたほどの高密度星で、強い磁場(じば)に絡んだ電子が光速に近い速さで飛び、ユニークなビームを放つ天体です。

球状星団の発見

ハッブルの発見は、続きます。彼はアンドロメダ銀河の最も良い写真乾板を調べていて、恒星より広がった像に見える天体を多数見つけました。そのなかの1つについては視線速度を測ることができ、アンドロメダ銀河自体の速度とほぼ同じ、負の値であることが確認されました。これらの天体は、アンドロメダ銀河に属する「球状星団」であろうという意見が支配的でした。球状星団は10万個ほどの恒星が丸く集まった星団で、我々の銀河系には150個ほどあります。

ハッブルはアンドロメダ銀河の140個の球状星団を詳しく調べました。その結果「これらの天体が銀河系の球状星団とあらゆる点で似ているが、銀河系の球状星団に比べると平均してやや暗い」ということに気づいています。新星の明るさも、同じように銀河系の新星より暗いように見えることが指摘されていました。――このことは、じつは重要な意味を持っていたのです。ですが、後にアンドロメダ銀河までの距離が2倍以上あったとわかるとは、その頃のハッブルには想像できませんでした。

1932年の冬、ハッブルはこうしてアンドロメダ銀河に関する研究を完成させました。この後、ハッブルはより遠い銀河の研究を目指すことになるのです。

コラム2　夜のお仕事

「お仕事は?」と聞かれ、「天文学者です」と答えると、「毎晩夜空を眺められてロマンチックでいいですね」と言われることがよくあります。

ですがハッブルの時代と違って、天文学者が増えた現在では、実際に望遠鏡で観測する

のは年間でせいぜい10夜程度です。観測のある日は土日も関係なく徹夜で観測を終えると、天文台の宿舎で午後まで眠り、早めの夕食を摂って、翌日の観測に備えることになります。

1999年に日本がハワイ島に建設した「すばる望遠鏡(国立天文台ハワイ観測所)」の場合、半年ごとに150件ほどの観測提案書が寄せられます。これらを国際的専門家が審査して、価値の高い提案に観測時間を割り当てます。その競争率は3倍程度になっています。さらに、対象とする天体が条件良く観測できるのは、特定の季節に限られます。また、天候が悪いと観測できず、翌年まで待たねばなりません。

観測データが得られても、それを解析して英語の論文にまとめ、査読委員の批判をくぐり抜け、発表に至るまでにはかなりの作業と時間が必要です。実際、数時間の観測で得たデータを、大学院生が学位論文のテーマとして数年かけて分析することも、珍しくありません。

ところで、かつて、私の講演会の後、「じつは、私も若い頃は天文学者になりたかったのよ。でも母から「夜のお仕事」はダメと言われて、泣く泣くあきらめたの」と老婦人が話しかけてこられたことがありました。後にその方から望遠鏡計画への寄付金として200万円が届き、驚きお礼にうかがったところ、関西の有名大学で女性として初めて博士号を取得され、会社を立ち上げて成功された方ということがわかった、ということもあ

りました。

「夜のお仕事」が入る観測天文学の研究は、近年まで女性には少し敷居の高い研究分野でしたが、現在では女性の天文学者も確実に増えてきています。

乾板を調べるポーズのハッブル　HUB 1042(6)

第 3 部
宇宙は膨張している！

日本通の富豪と火星の「運河」

ここで少し時代を遡り、ハッブルの成功に至るまでの、当時の宇宙論や天文学上の重要な発見を見ていきましょう。

まずは、ボストンの大富豪、パーシバル・ローウェル。彼は熟年に達した頃、実業に飽き足りなくなって人生を大きく転換しました。きっかけは、ミラノの天文台長のジョバンニ・スキヤパレリが火星の表面に見える無数の線状模様をイタリア語で川筋や溝を表す「Canali」と名付け、これが英語で人工的な運河を表す「Canal」と訳されたことに始まります。1894年、ローウェルは、アリゾナ砂漠の町フラッグスタッフに私設の天文台をつくり、火星の「運河」の観測にとりくみ始めたのです(図3-1)。

ローウェルは「火星に知的生命がつくった運河らしきものがある!」と主張し、そのスケッチを発表します。火星の「運河」は世界中に論争を巻き起こし、英国の作家H・G・ウェルズのSF小説『The War of the Worlds(宇宙戦争)』(1898年)の種にもなりました(図3-

2)。

しかし、ローウェルが肉眼観測でスケッチした数多くの運河の存在は、その後、誰も確認することができませんでした。ファン・マーネンの「銀河は回っているはずだ」という思い込みが渦巻星雲の測定結果に影響してしまったのと同じように、「運河があるはず」という強い思いこみが、幻の目撃になってしまったのでしょう。

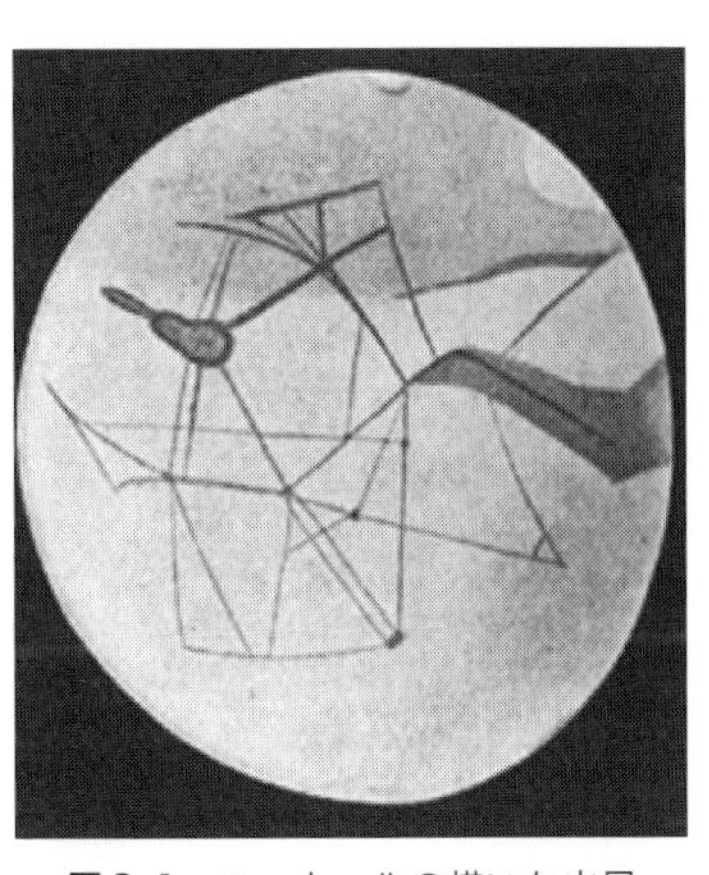

図3-1　ローウェルの描いた火星の運河のスケッチ

ローウェルは天体分光観測の重要性に目をつけ、1900年頃に高級な分光器を注文しました。彼は火星の生命だけでなく、太陽系の起源にも興味を持っていたのです。当時「渦巻星雲は形成中の太陽系のようなものだ」とする仮説もあったため、ローウェルは彼の天文台の新職員となったヴェスト・メルビン・スライファーと共に、アンドロメダ大星雲の回転運動を測定し始めます。

図3-2　ウェルズ『宇宙戦争』1927年版の表紙. 火星人がタコの形に描かれるようになったきっかけと思われる

また、ローウェルは後に海王星の軌道の乱れから「惑星X」の存在を計算で予言しています。その予言によって後に冥王星(現在は惑星でなく準惑星と分類されています)が発見されたことは有名です。

余談になりますが、異国の文化に惹かれたローウェルは、じつは明治期の日本を5回も訪れて通算3年ほども滞在しています。当時の能登半島の紀行文なども残しています。

近づくアンドロメダ大星雲、遠ざかるおとめ座渦巻星雲

1912年10月17日、スライファーは7時間近くの露出の末に、初めてアンドロメダ大星雲のスペクトルを得ることに成功しました。これは回転運動を測るのが目的だったのですが、驚くべきことに、アンドロメダ大星雲が毎秒300kmというたいへんな速度で太陽系に近づ

いてきていることがわかったのです。そして次に測ったおとめ座の渦巻星雲NGC4594は、なんと毎秒1000㎞の速さで遠ざかっていました。

より暗いほかの星雲では数十時間に及ぶ露出が必要でしたが、1914年の末までに、スライファーは15個の星雲の速度を測って、その結果をアメリカ天文学会で発表しました。この学会こそ、ハッブルが初めて参加した学会だったのです。

スライファーの測定結果は、雑誌「ポピュラー天文学」の1915年1月号に掲載されました。なんと、すべての星雲は毎秒200〜1100㎞に及ぶとてつもないスピードで動いていました。速度の速さも驚きでしたが、アンドロメダ大星雲以外のほとんどすべての星雲は遠ざかっているものばかりだということは、もっと驚きでした。

ただ、渦巻星雲が銀河系から飛び出していく天体なのか、銀河系のはるか外にある天体なのかは、その距離がわからないために結論がでませんでした。天文学ではいつも問題になる「距離をどう決めるか」が、ここでも謎(なぞ)を解く鍵(かぎ)となっていたのです。ハッブルはこのとき、渦巻星雲の距離を決めることが大事な課題であることを悟(さと)ったのだと思われます。

1917年までに、スライファーは速度を測った星雲の数を25個に増やし、「星雲群は全体としてほぼ毎秒500㎞におよぶ速度で遠ざかっている」と結論しました。この事実は、渦巻星雲が互いにちりぢりばらばらになりつつあることを意味しているのでしょうか？　でも、天球上の星雲の分布は(今日では銀河団として知られているように)集団をなしているものがあります。これらはどうも矛盾しているように思われます。謎は深まるばかりでした。

アインシュタインの登場

じつはちょうどこの頃、重要な理論的研究が欧州でなされていました。ベルリンのアルベルト・アインシュタインは、1915年に完成した一般相対性理論に基づいて宇宙モデルの方程式を導き、「宇宙が定常である」と仮定してその式を解いたのです(図3-3)。

アインシュタインは宇宙が定常となる解を求めるために、重力を打ち消す働きをする、仮想的な反発力の場を方程式に持ち込みました。「宇宙項(ラムダ項)」と名づけられたこの項には物理的根拠がなく、定常な解を得るために便宜的に導入したものでした。このことを、後にアインシュタインは「生涯最大の過ちだった」と悔やみますが、現代宇宙論では「ダークエネルギー」と呼び名を変えて、その存在が認められつつあります。

一方、オランダのヴィレム・ド・ジッターは、1917年にアインシュタインの定常解以外にも、定常でない解があることに気づきました。たとえば宇宙の平均密度がたいへん低い場合には、アインシュタインの示した反発力が重力よりも優勢となって宇宙は膨張します。銀河が互いに遠ざかる「膨張運動」があると、スペクトル線は波長の短い青い方から、波長の長い赤い方へずれます。ド・ジッターは、その論文でこの現象を初めて「赤方偏移」と呼びました(カバー図A)。

図3-3　アルベルト・アインシュタイン

英国を代表する科学者であったアーサー・エディントン卿にアインシュタインの一般相対性理論の論文を1916年に送ったのも、ほかならぬド・ジッターでした。エディントンはアインシュタインの研究の重要性をすぐさま悟り、1919年5月29日の皆既日食の観測計画を練り始めました。アインシュタインの理論の予測を確認するには、皆既日食の時に月に隠された太陽のすぐ周りに見える星々を写真に撮り、太陽の重力でこれらの星々からの光線が曲げられる量を測ればよいと考えたのです。

何か月もの準備の末、西アフリカのギニア湾沖のプリンシピ島に派遣された英国の2つの観測隊は、日食の当日に豪雨にさらされてしまいます。ですが奇跡(きせき)的にも直前に天気が少し回復したので、薄雲を通してなんとか日食を撮影することができました。

エディントンはいくつかの写真に写っている星の位置を測定した結果、星の位置がアインシュタインの予測値のとおりにずれていることを確認しました。こうして、アインシュタインの理論は劇的に証明されたのです。一般相対性理論が観測的に証明されたというニュースは、あっと言う間に世界中に広まりました。

天文学助手になった「ライオン・ハンター」

さて、話が少しとびますがここでウィルソン山の用務員から天文台の助手になりハッブルを支えた、ミルトン・ヒューマソンについても紹介しましょう。ヒューマソンは14歳で学校に通うのをやめ、ウィルソン山天文台建設の資材を運ぶロバ使いとして働き始めました。彼は天文台の電気技師の娘を見そめ、20歳で結婚します。ウィルソン山にはヤマネコが出没することもあり、義父の飼っていたヤギが襲われたため、ヒューマソンは罠(わな)を仕掛(しか)けます。あるとき、罠の近くでヤマネコと遭遇(そうぐう)しますが、とっさにライフル銃を撃ち、射とめたのでした。この事件でヒューマソンは「ライオン・ハンター」の異名をとるようになりました。

1917年からは、月給80ドルで天文台の用務員となりました。ヒューマソンは観測に必要な数学の手ほどきを太陽物理学者のセス・ニコルソンから受け、1919年に天文学者ウィリアム・ヘンリー・ピッカリングが惑星Xの予報位置を発表した頃から、その領域の写真を撮り始めます。後の1930年にローウェル天文台のクライド・トンボーが冥王星の発見を発表したあと、ニコルソンたちは、ヒューマソンが撮影していた写真を調べ直して冥王星が移動しているのを確認しています。

潔癖(けっぺき)で仕事に手抜きをせず、何でも責任をもってこなしたヒューマソンは、1922年に特例として天文学助手に昇進しました。

ハッブルはこんなヒューマソンを誘って、渦巻銀河のスペクトル観測を始めます。当時、銀河の速度を測っていたスライファーは、銀河の距離を測る術をもっていませんでした。そこでハッブルはセファイド型変光星で距離を決めた銀河について、速度を調べてみることにしたのです。

ウィルソン山の望遠鏡はローウェルの望遠鏡より大きいので、スライファーが測定できなかった渦巻銀河をねらいます。最初に選んだ渦巻銀河の観測では、ヒューマソンが凍(い)てつく２晩を望遠鏡にとりついてガイドすることになりました。撮影のあと現像されたスペクトルを測ったハッブルは、カルシウム原子固有のＨ線とＫ線というスペクトル暗線の位置から、赤方偏移が毎秒３０００㎞であり、それまでのスライファーの最大記録より毎秒１８００㎞も大きな速度を持つ銀河であることを確かめました。

その後も繰り返し長時間に及ぶ観測が続いたため、我慢強いヒューマソンもついに耐(た)えかねて「もうやめたい」と言い出しました。そこを天文台長のヘールがより効率の良い新分光器を作る約束をして説得したので、ヒューマソンは困難な観測を続けることに同意します。１９２０年代末には、ヒューマソンが撮るスペクトル写真は露出時間が昼間を除く１週間にも及ぶことがたびたびになりました。

宇宙は膨張するのか?

一般相対性理論に基づく宇宙モデルとして、１９１７年にアインシュタインが宇宙項を導入して「定常宇宙のモデル」を発表したのは、先述の通りです。一方、ド・ジッターは「永遠に膨張する宇宙モデル」を発表していました。

ロシアの数学者アレクサンダー・フリードマンは宇宙の構造と進化をあらわす、より一般的な方程式を１９２２年に導き、それを解きました。１９２４年にはフリードマンも方程式に、重力の影響を薄める働きをする「宇宙斥力(ラムダ項)」を導入します。彼が得た解は、アインシュタインの解やド・ジッターの解をも含む、より一般的な宇宙モデルでした。

宇宙斥力がなければ、宇宙の最初の状況しだいで、宇宙が膨張し続けるのか収縮に転じるのか、その運命が決まります。宇宙斥力をうまく調節すると、特別な場合としてアインシュタインの定常宇宙モデルが得られます。逆の極端な場合として、宇宙の密度が低すぎて重力が効かず、反発力だけが働く場合には、ド・ジッターが求めていたモデルとなります。

フリードマンの方程式は宇宙の物質の運動を記述するだけでなく、空間の幾何学もしくは宇宙の曲率の変化の様子も記述するものとなっています。アインシュタインは１９２２年９

月の「物理学新報」に「フリードマンの論文が間違っている」と書きました。ですが1923年3月には「自分の誤解があり、フリードマンの結果は正しい」と、訂正の短い報告を発表しています。

1927年には、エディントンの学生だったジョルジュ・ルメートルは、フリードマンの研究と基本的に同じ研究をしました。そしてルメートルも「宇宙は定常ではない」と結論しました。ルメートルの研究はあまり有名でないベルギーの雑誌にフランス語で発表したため、研究者もその論文に気づきませんでした。このことで、ちょっとした科学史上の論争が最近あったのですが、それはまた後述します。

天文学者と物理学者

一般相対性理論に基づく宇宙モデルが天文学の世界で議論されるようになるには、時間がかかりました。1923年刊のエディントンの『相対性理論の数学理論』のおかげで1920年代中頃になると、少し様子が変わり始めましたが、それまではほとんどの天文学者はアインシュタインもド・ジッターも知りませんでした。

１９２３年にドイツの数学者ヘルマン・ヴァイルは「ド・ジッターのモデルによると、銀河はそれぞれの間の距離に比例した速度で互いに遠ざかる運動をするはずである」と予言しました。実際、Ｈ・ロバートソンは１９２８年にハッブルの１９２６年のデータから導かれる距離と、スライファーが求めた速度を使って、「距離と速度がほぼ比例関係にある」という結果を得ています。なお、ハッブルがロバートソンの結果を当時知っていたのかどうか、今となってはわかりませんが、ハッブルの論文ではこの先行研究については一切触れられていません。

ハッブルはド・ジッターとは面識があり、その研究に触れる機会がありましたが、フリードマンやルメートルの研究のことはかなり後になるまで知らなかったようです。実のところ、ハッブルの発見が発表されてそれについて議論が始まった頃も、ほとんどの天文学者は宇宙モデルの理論のことは知らなかったか、少なくとも気にしていませんでした。

待ち望んでいた結果

ハッブルは遠い銀河ほど速度が増え続けることを確かめるため、観測候補となる銀河のリストを1928年に作っています。観測には、当時世界最大の望遠鏡と、ヒューマソンの技と忍耐力、それにヘールが約束した新分光器が必要でした。同年、新しい分光器が完成すると、まずスライファーが観測した近傍の明るい銀河を観測し、ほぼ同じ速度が得られることを確認しています。

図3-4　パイプをくゆらしポーズをとるハッブル　1930年ごろ COPC 2904

続いて、ヒューマソンは、まだ誰も観測していないペガスス座の銀河団にあるNGC7619銀河をねらうことにしました。36時間露出のスペクトルと45時間露出のスペクトルの写真乾板(かんぱん)を得て現像してみると、特徴的な吸収線の位置から視線速度が毎秒約3800kmにも及ぶことが確かめられました。これこそ、ハッブルが強く待ち望んでいた結果でした。

歴史的論文――ハッブルの法則

１９２９年３月、国立科学院の紀要(研究機関が定期的に刊行する学術雑誌)に２つの論文が掲載されました。ヒューマソンによるＮＧＣ７６１９銀河の視線速度の測定の報告と、ハッブルの「系外銀河の距離と視線速度の関係」と題する全６ページの論文です。現在、ハッブルのこの短い論文は、天文学史の中でも最も重要な論文の一つとされています。

ハッブルは合計46個の銀河の速度データを得ていました。そのうち、アンドロメダ銀河とその伴銀河、三角座の銀河など近距離のいくつかの銀河は、視線速度がマイナスの値で、銀河系に近づいていましたが、ほとんどは速度がプラスで遠ざかっていました。遠方の銀河では速度が最大で毎秒３８００㎞に及ぶものもありました。ただし、そのなかでもセファイド型変光星から距離を測定できていたのは7個だけで、13個は銀河の一番明るい星の光度から距離を推定し、おとめ座銀河団の4個の銀河は、明るい星や星雲の光度から推定したものでした。

この歴史的な論文の図には、これら24個の銀河の距離と速度の測定値と、その比例関係が直線で示されています(図3−5)。第三者による厳しい査読制度がある現代なら、この比例関係の有意性について注文がついて出版にストップがかかったかもしれません。しかし結果

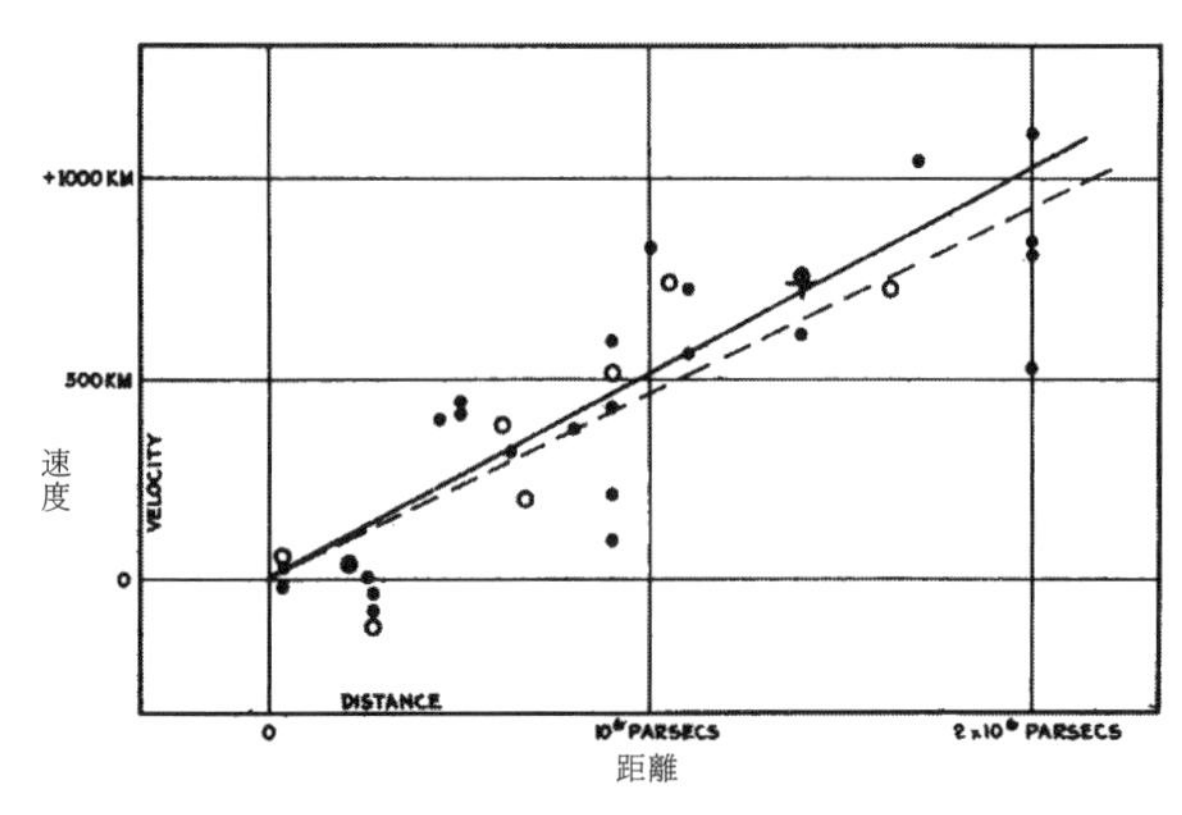

図3–5　ハッブルが測定した24個の銀河の距離(横軸)と速度(縦軸)の関係を示した歴史的論文　1929年　PNAS. 15, 168

的には、ハッブルのこの図が宇宙膨張の証拠と考えられるようになったのです。ハッブルはその比例係数を記号Ｋで表し、約５００km／秒／メガパーセクとしています。ここで「メガパーセク」は１００万パーセクという距離の単位で３２６万光年に相当します。これは銀河の距離が１００万パーセク遠くなるごとに、遠ざかる速度が秒速５００kmの割合で増えていることを示しています。

ハッブルは、残りの22個の銀河についても、銀河の見かけの等級を距離の目安にすると、速度が毎秒３８００kmに達するＮＧＣ７６１９銀河までも、この比例関係の延長上にあると指摘しています。そしてこの論文の最後の部分で、「最も驚くべきことは、速度距離関係がド・ジッターの宇宙論の予言に一致することである」と述べています。

この速度Vと距離rの比例関係

V＝Hr

は、「ハッブルの法則」と呼ばれています。これは天体が地球から遠ざかる速さと距離が正比例することを表す法則で、この論文によって、現在は定説となっている「宇宙が膨張している」という事実が認識されたのです。

なお、これを最初に「ハッブルの法則」と呼んだのは、カリフォルニア工科大学のリチャード・トールマンであったと言われています。ハッブルが用いた比例定数Kは、現在ではハッブル定数と呼ばれ、ハッブルにちなんで記号Hで表されています。

さらなる証拠

1929年6月末のアメリカ天文学会の会議で、ハッブルはかみのけ座の大きな銀河団の距離を測った結果を報告しました。かみのけ座銀河団の1000個の銀河は、おとめ座銀河団の銀河に比べると相当暗いものでした。その暗さから推定すると、かみのけ座銀河団の距離は５０００万光年、つまりおとめ座銀河団の7倍になるはずでした。
学会前の春、ヒューマソンが、かみのけ座の３つの銀河の速度を測定したところ、およそ毎秒７５００㎞という値が得られたのです。この速度と距離は、ハッブルが発表した比例関係が、さらに遠方までも成り立つことを示唆するものでした。

抗議の手紙

１９２９年、オランダ天文学会誌の5月号にド・ジッターの論文が掲載されました。理論家のド・ジッターが自分の宇宙膨張の理論を証明しようと、出版済みの観測論文から銀河の距離と速度のデータを集めて議論したものでした。「理論家が観測データを分析した論文を書いてはいけない」というルールなどないのですが、縄張りを荒らされたと感じたハッブルは、ド・ジッターに対して次のような抗議の手紙を送っています。

銀河の速度距離関係は、あなたが最初に理論的に指摘されたのだと思います。ですが、この関係を観測的に証明したのは１９２９年のわれわれの論文が最初です。速度距離関係の定式化、試験と確認はウィルソン山天文台の業績であると考えており、我々が論文を出版するのが筋であると考えております。

このあたりのいきさつを見ても、ハッブルが自分の業績がどう扱われるかについてとても敏感だったことがうかがわれます。

より遠い銀河の観測

ハッブルとヒューマソンは、2.5m望遠鏡でさらに遠い銀河を探ることにします。2人は、おおぐま座の銀河団に注目しました。この銀河団の銀河の暗さから、ハッブルはその視線速度がおよそ毎秒1万2000kmになるはずだと予測しました。吸収線の測定結果は毎秒1万1800kmでした。しし座の銀河団はさらに1等級ほど暗く、速度は毎秒1万9700kmに達しました。

2.5m望遠鏡の観測台で、ヒューマソンは何日も凍えながらガイドを続けました。夜通しの作業となりますが、より微妙な修正が必要な時には、望遠鏡を肩で少し押したり、体重をか

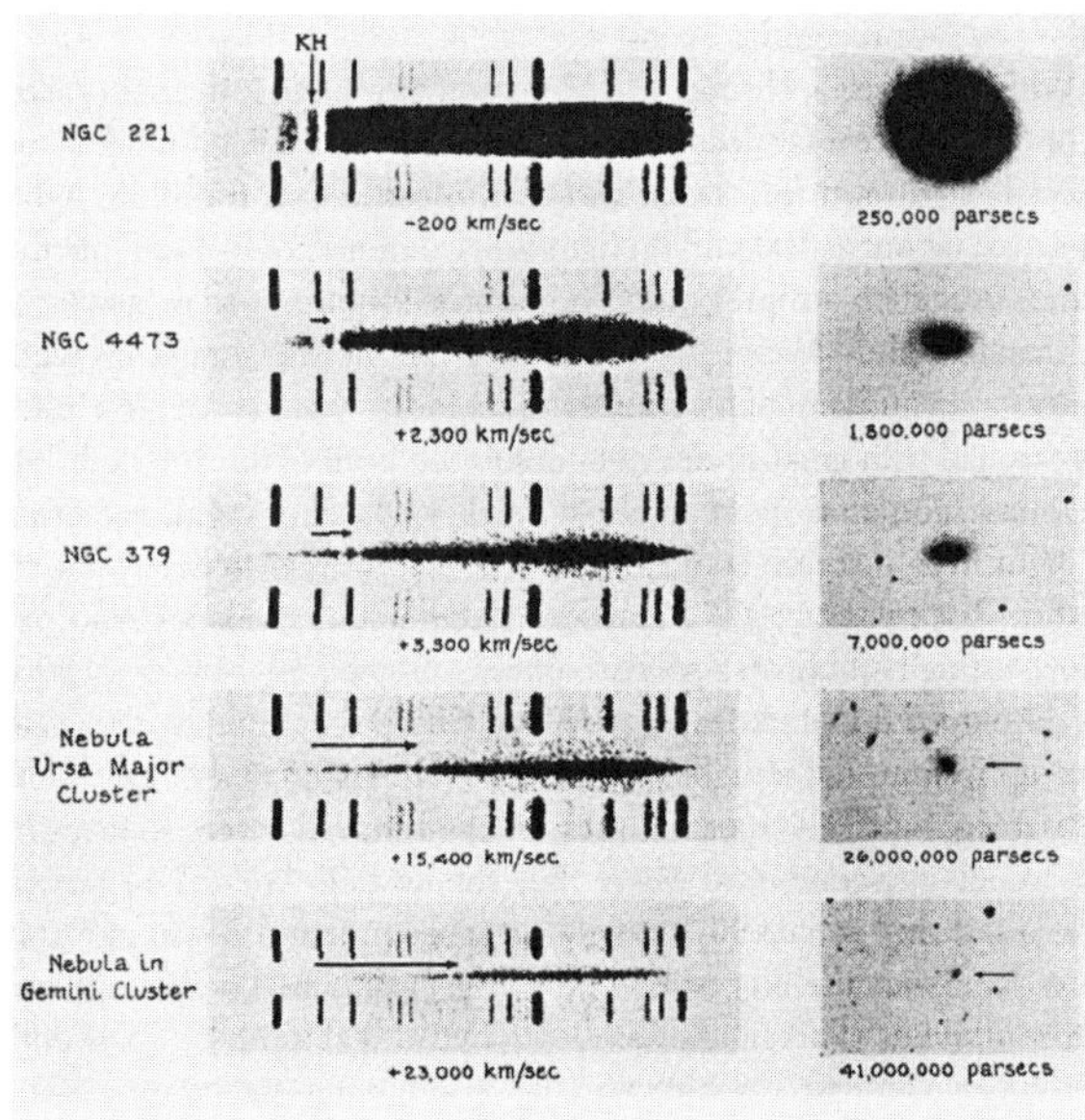

図3-6　ヒューマソンの論文に掲載された，赤方偏移を示す図．最上部のアンドロメダ銀河（M31＝NGC221）のスペクトルに見られるカルシウム固有の吸収線（H線とK線）の波長が遠い銀河ほど長くなり，右側に移動して大きな赤方偏移を示す　1936年　ApJ. 83, 10

けたりして調節することもありました。

こうして1936年、ヒューマソンが新しい銀河団の銀河を含む100個の銀河の速度測定の結果を公表します（図3-6）。ふたご座の銀河団は毎秒2万4000km、ぎょしゃ座の銀河団は毎秒3万9000kmでした。おおぐま座銀河団のある銀河については毎秒4万2000kmという記録的な速度を確認しました。ハッブルの法則は、やはりこのような遠くでも成り立っていたのです。

ヒューマソンは後年の回想録でこう書いています。

より暗い銀河団の速度を測れば、観測された宇宙の範囲を広げることができる。だが、およそ17・5等級より暗い銀河の測定は2.5m望遠鏡では事実上できそうにない。赤方偏移が大きくなり、H線やK線が写真乾板の感度の低い赤外線(せきがいせん)波長域に移動するのが理由の一つだが、2.5m望遠鏡でも目的の銀河が肉眼で見ることができなくなり、分光器のスリットにうまく載せることができなくなるからである。

図3-7　ウィルソン山天文台のフッカー2.5m望遠鏡．左の昇降台にハッブル愛用の椅子がある　1940年頃　COPC 387

2.5m望遠鏡は、こうして速度測定についてその能力の限界まで働いたのでした(図3−7)。

理論家ではなく観測家として

ハッブルの発見は偉大な業績でした。ですが、彼は理論家ではなく純粋な観測家でした。当時、赤方偏移は宇宙膨張に伴う「ドップラー効果」のようなものという解釈がありました。遠ざかる救急車のサイレンの音程が近づくときに比べて低い音になることは、音波の波長が延びる「ドップラー効果」としてよく知られています。遠ざかる銀河からの光も、その波長が延びて、赤くなり「赤方偏移」するという考えです(カバー図A)。

しかし、この説とは別に、「赤方偏移は膨張運動の結果ではなく、宇宙の広大な空間を伝搬する光子が疲れて、エネルギーを失うために起こる現象である」というカリフォルニア工科大学のフリッツ・ツビッキーの仮説に、ハッブルは少し共鳴していたようです。

そして、以前に「観測家の領域を侵(おか)した」と抗議の手紙を送りつけた相手である理論家のド・ジッターに、1931年にこんな手紙を出しています。

銀河の速度と距離に関する我々の一連の論文に敬意を表してくださっていることに感謝しています。我々は比例関係が経験的なものであることを強調するために「見かけの速度」という言葉を使っています。この関係の解釈は、あなたを初めとする有能な理論家にお任せするべきだと考えています。

赤方偏移の謎の理解は、すぐには決着がつきそうにありませんでした。一般相対性理論に基づく膨張宇宙のモデルのどれが正しいのか、観測から決着をつけることが具体的な課題となっていました。

開いた宇宙、閉じた宇宙、ビッグバン

アインシュタインが導入した宇宙項がゼロで、反発力のない宇宙モデルは、「開いた宇宙」と「閉じた宇宙」とに大別できます。これはつまり、宇宙の平均密度が低く、重力が宇宙の膨張を完全に止めることができないと、宇宙は永遠に膨張し続ける「開いた宇宙」となります。密度が高く重力が強ければ膨張はやがて止まり、収縮に転じる「閉じた宇宙」となるの

です。この2つの宇宙モデルの境目となる平均密度を「臨界密度」といいます。宇宙の平均密度がちょうど臨界密度に等しいモデルは特別であり、その3次元空間はユークリッド幾何学で記述できます。

膨張宇宙モデルでは、時代を遡るほど銀河間の距離は小さく、平均密度は高かったはずです。つまり、過去のある時点では、密度が無限大であったということになります。密度が無限大となるこの瞬間こそ宇宙膨張が始まった瞬間であり、このような宇宙像は後に「ビッグバン」宇宙論と呼ばれることになります。

ビッグバンによる宇宙の始まりはいったいどのくらい前のことだったのでしょう？ハッブルの法則「V＝Hr」によれば、膨張速度が一定であれば、ハッブル定数Hの逆数1／Hは時間の次元をもち、この時間だけ遡るとすべての銀河はただ1点に集まっていたことになります。

実際には膨張は重力による減速を受けるため、過去の膨張速度はもっと大きかったはずで、宇宙の年齢は、1／Hで表されるハッブル年齢よりは短くなるはずです。ハッブルが求めたHの値を用いると、1／Hとしてわずか20億年という数字が出てしまいます。

年齢パラドックス

１９３０年代の初めには、岩石中のウラニウムという放射性元素の半減期の測定値から、地球物理学者は私たちの地球の年齢が20億〜60億年であると推定していました。１９３０年にはエディントンが、１／Ｈから求められる宇宙の年齢が放射性同位元素から推定される地球の年齢に近く、恒星（こうせい）の寿命として当時考えられていた１兆年とは大幅に違うことに気がつきました。１兆年という寿命は、恒星の質量をすべて放射エネルギーに変換するのにかかる時間として得られた値でした。このように２つの時間スケールが数百倍も異なるのは、困った矛盾でした。宇宙ができる前から恒星があったという奇妙な話になるからです。

１９３０年代の末までには、恒星の放射エネルギーは、原子核エネルギーによるものであることが明らかになりました。ただし、恒星の質量のほんの１％が放射エネルギーに変換されるだけであり、太陽などの恒星の寿命は１００億年ほどであることもわかりました。

一方、膨張宇宙の年齢も訂正しなければならないことがわかりました。後に述べるバーデによる恒星の種族の発見で、宇宙の大きさが一挙に２倍になり、そのほかの要因もあって、ハッブルの決めたHの値がかなり大きすぎるということがわかったためです。

ハッブル定数Hについては1990年代初めまで100㎞／秒／メガパーセクという値と50㎞／秒／メガパーセクという値を主張するグループが対立し50％の誤差が残っていましたが、後にハッブル宇宙望遠鏡による測定で、現在は、誤差2％程度で70㎞／秒／メガパーセクという値に落ち着いてきました。

また、宇宙年齢も、誤差2％のレベルで、約137億年ということがわかってきています。

アインシュタインの賛辞

1930年の大晦日（おおみそか）から約2か月、アインシュタイン夫妻はカリフォルニア工科大学の招きで、ハッブルのいるパサデナを訪れました。大学での講演会に先立ち、アインシュタインはハッブルとヒューマソン、理論家トールマンを招いて、ハッブルの法則の意義を議論しました。社交的なグレースは、アインシュタイン夫妻をハリウッドの女優などとともに自宅に招いています。

アインシュタインは引っ張りだこで、いろいろなパーティに招待されましたが、どのパー

図 3–8　(上)2.5 m 望遠鏡をのぞくアインシュタインに付き添う，ハッブルとアダムス　Cal Tech Archive 1.6–16
(中)ヒューマソン(左)，ハッブル(左から 2 人目)，アインシュタイン(右から 3 人目)．ウィルソン山天文台図書室にて　1931 年　COPC 2806
(下)アインシュタイン，ハッブル，アダムスら．2.5 m 望遠鏡ドーム前で　Cal Tech Archive 10.13–12

図3-9　アインシュタイン特別室と，部屋にかけられた写真

ティに出るかを決めるのは妻のエルザでした。パーティでアインシュタインがヴァイオリンを弾くこともあったようです。カリフォルニアでの滞在を楽しんだアインシュタインは、ハッブルの研究に最大の賛辞を惜しみませんでした。

　アインシュタイン夫妻はその後も含めて合計3回、パサデナに長期滞在しています。最初の滞在時には用意された郊外の一軒家に住みました。入居したその夕方、アインシュタインから管理会社に困ったと電話が入り、担当者が急いで駆けつけると、「アメリカ独特の缶切りの使い方がわからない」というささいな用件だったそうです。夫妻は１９２９年に完成したカリフォルニア工科大学のゲストハウス「アセネウム」

の特別室に滞在したこともあります。

余談になりますが、私もこのアインシュタイン特別室に泊まったことがあります。寝室と居間と台所、風呂場というこぢんまりしたスイートルームでしたが、壁には当時の写真がたくさん飾られていて、往時をしのぶことができました(図3-9)。

長期外遊とグレースの日記

ハッブルは、米国や英国のさまざまな大学での講演に招かれるようになります。1934年4月、ハッブル夫妻は客船マンハッタン号で英国に向かいました。オックスフォード大学で「星雲のスペクトルの赤方偏移」と題する講演を行うためでした。大学の講演会には著名な学者の名前を冠(かん)したものがあり、ハッブルの講演には「ハレー講演」という場が用意されました。

講演会場に入ろうとするとき、ハッブルは大学から名誉博士号が授与されることを聞かされます。前もって耳打ちされていたグレースによると、ハッブルはこの知らせを大いに喜んだそうです。ハッブル夫妻はこのあとフランスに渡り、さらに車で南下してドイツのミュンヘンを訪ねました。

ハッブルが欧州に長期出張する口実は、5月のハレー講演に続いて7月にベルギーで開かれる国際科学者会議に代表として出席する必要があるということでした。カーネギー研究所長のメリアムは、ハッブルが自分の休暇も使うことを条件に出張旅費を支出することを認めました。

ハッブルは旅費の足しにするため、最新のワシントンでの講演の原稿を売ろうと考えます。そしてその原稿は、「Popular Science Monthly（月刊ポピュラー科学）」誌に掲載されました。ですが、ハッブルと出版社の間に原稿料をめぐるトラブルが生じてしまいます。ハッブルの言い分と出版社の言い分を聞いたメリアム所長はハッブルの身勝手さに驚き呆(あき)れますが、そのことはウィルソン山天文台長のアダムス以外にはもらさぬことにしました。じつはアダムスも、ハッブルが天文台の仕事を投げ出してたびたび長期外遊するので、他の職員からの不満の声もあり、天文台の仕事のやりくりに困っていたのでした。

これらの外遊について、ハンティントン図書館にはグレースの3冊の旅行日記が残されています。１９３４年4月8日から8月27日までの訪欧、１９３６年9月5日から年末までの訪英、1937年12月31日から1939年1月3日までの3冊です。

これらの日記は、ハッブルの仕事ぶりを後世に残すことを考えて書かれた節(ふし)があり、グレースの個人的な想いなどは控(ひか)えめな記述があるだけで、あまり書き綴(つづ)られていません。また最終の3冊目にはその最後の20ページほどが切り取られた跡があります。図書館に寄贈(きぞう)する際に削除(さくじょ)されたものなのでしょう。グレースはおそらくハッブルに都合の悪いことはそもそも書かないようにしたのではないかと思われます。

ベストセラーと数々の受賞

1935年、ハッブルは3か月かけて、ニューイングランドのイェール大学で行う8回連続の「シリマン講義」の原稿を書いていました。シリマン講義の準備をしている間にハッブルは、ローズ奨学金記念講演を英国で行うための旅費と休暇を、アダムス台長には無断で直接メリアム所長に願い出ました。ハッブルはこの時までの3年間ですでに11か月を外遊に費やしていました。さすがのアダムス台長もハッブルの身勝手さに腹を立て、メリアムから意見を求められると、即座に「休暇を認めるとしたら、無給で認める」と返事をします。

このシリマン講義が、1936年の春に出版されたハッブルのベストセラー『The Realm of the Nebulae(銀河の世界)』(邦訳、『銀河の世界』戎崎俊一訳、岩波文庫、1999年)の原稿になりました。この本は学部生向きに、1922~36年のハッブルの成果を中心にまとめられたものです。その内容は、星雲の分類、アンドロメダ銀河のセファイド型変光星の発見、速度距離関係の発見、宇宙の一様性、の4つでした。

この本の魅力は、ハッブルが世界最大の望遠鏡で観測して得た事実を中心にして話を組立てたことにあります。天文学において2.5m望遠鏡が果たした重要な役割が強調されていますが、同時に2.5m望遠鏡の限界をも示し、宇宙の観測にはさらに大きな新しい望遠鏡が必要なことが述べられています。

また、ハッブルは、1935年6月にはコロンビア大学でアメリカ国立科学アカデミーからバーナード賞を授与されています。この賞は1895年に創設されたもので、5年に1度しか授与されないものであり、レントゲン、ラザフォード、アインシュタイン、ボーア、ハイゼンベルクを含むこれまでの11人の受賞者は、すべてノーベル賞も受賞した科学者でした。

1937年には、太平洋天文学会がハッブルに太平洋天文学会金賞を授与しています。これはハッブルが1937年8月4日に新しい彗星(すいせい)1937gを発見したことに対する授与で、ハッブルも予期しないものでした。

1938年3月、太平洋天文学会は、さらにブルース金メダルをハッブルに授与しました。ノーベル賞が天文学者には授与されなかった近年まで、ブルース金メダルは天文学における最高の栄誉と見なされてきました。名声を極めたハッブルは、「星雲の性質」と題する記念公開講演を行っています。

ノーベル賞

1930年代の中頃、ハッブル家を訪れた英国の天文学者フレッド・ホイルは「ノーベル賞選考委員会が、規定を変更して天文学者にもノーベル賞を授与できるようにすることができないかを検討している」と伝えました。ノーベル賞は、創設者であるアルフレッド・ノーベルの遺言に従って、特定の決まった分野にしか授与されません。「物理学賞」や「化学賞」はあっても、「天文学賞」や「数学賞」はないのです。

なお、後にホイルはハッブルの発見した膨張宇宙に対抗する定常宇宙論を唱え、1950

年に膨張宇宙論を「ビッグバン」とからかいの気持ちを込めて名づけました。意外にもその呼び名が定着するとは、皮肉なものです。

しかし、ノーベル賞選考委員会は、ノーベルの遺志を厳格に守って天文学者にはその後も賞を授与しませんでした。ハッブルは生前「ノーベル物理学賞の分野に天文学も入れるべきだ」と訴えています。ですがこれは「自分にノーベル賞を出せるようにしてほしい」という要求だと受け取られた節があります。

1960年代末になって、ようやく選考委員会は方針を変えて、天文学の業績を基本的には物理学と同等の権利を得るものとしました。その後は、電波天文学のマーティン・ライル、パルサーのアントニー・ヒューイッシュ、宇宙背景放射のアーノ・ペンジアスとロバート・ウィルソン、恒星の物理のスブラマニヤン・チャンドラセカール、連星パルサーのジョゼフ・テイラーとラッセル・ハルス、ニュートリノ天文学のレイモンド・デービスと小柴昌俊、X線天文学のリカルド・ジャッコーニ、宇宙背景放射のジョン・マザーとジョージ・スムート、超新星宇宙論のソール・パールムッター、アダム・リース、ブライアン・シュミット、そして2015年のニュートリノ振動の梶田隆章とアーサー・マクドナルドまで、じつに多数の天文学者、天体物理学者がノーベル物理学賞を受賞しています。

もしもハッブルがもっと長生きしているか、選考委員会の方針変更がもっと早くなされていたら、間違いなくノーベル賞を受賞したものと思われます。それも1度ではなく「セファイド型変光星による銀河の距離決定」と「宇宙膨張の発見」の2度だったかもしれません。

数学や天文学がノーベル賞の授与対象に入っていなかったのは「ノーベルに数学者、あるいは天文学者の恋敵(こいがたき)がいたからだ」という、まことしやかな話を聞いたことが何度かあります。ですが、ノーベルに接した3人の女性についてはそのような事実は確認されていません。

ダイナマイトの発明で巨万の富を得たノーベルは、「死の商人」という汚名返上を期して、私財の9割以上を投じて、物理学、化学、生理学・医学、文学、平和の5つの分野で人類に役立つ業績を上げた人々を顕彰することを考えました。ただ単に、ノーベルには「数学や天文学も人類に役立つ」という発想がなかっただけではないでしょうか。

コラム3 ハッブル時代の天体観測を追体験

じつは、私が大学院生として1972年に初めて銀河の写真観測を始めた頃は、まだコンピュータが導入される前(「BC: Before Computer」と呼んでいます)で、基本的にはハッブルと同じ手法で観測が行われていました(図3-10)。ここで少し、その観測を追体験してみましょう。

観測の日は、まず使う写真乾板の準備をします。暗室のなかでダイヤモンドカッターを滑らせて、ガラスでできた乾板を切る作業が必要でした。しかし、うまくいかずにやり直しているうちに、指先が血まみれになることもありました。

乾板の準備が終わると、明るいうちに早めの夕食を済ませます。夜空が暗くなり本格的な観測ができるのは、日没後1時間くらいから。ドームを東側に向けてシャッターを開け、なかの空気を冷えていく外気になじませ、暗くなるのを待ちましょう。

観測する銀河の座標をオペレータに伝え、ガイドルーペで目的の銀河が視野の中心に来るように望遠鏡の操作ボタンを少しずつ押して、望遠鏡の向きを微調整します。

次は、最大1時間に及ぶ露出時間中、望遠鏡の向きがずれないようにガイドするため、

図3-10　岡山天体物理観測所188 cm望遠鏡ニュートン焦点部での写真観測　1970年代末

銀河の周辺にある明るい星を「ガイド星」として選んで、焦点を合わせます。準備ができたら乾板ホルダーを装着し、もう一度ガイド星の位置を確認して、深呼吸。シャッターを開けて、いよいよ露出開始！

露出中は、望遠鏡のずれを修正する作業を続けなければなりません。冬の長い夜は寒さと眠気との戦いです。観測者が乗るゴンドラは床から最大10ｍほどの高さになりますので、もし転落したら大怪我になります。鏡の上に鉛筆を落としたりするのも御法度です。このあたりは、ハッブルもほぼ同じことを心して、観測していたものと思われます。

１９７０年代後半から、望遠鏡の駆動制御にコンピュータが利用されるようになり、私たちはそれを「AD: After Digital」と呼んでいます。1980年代には、写真乾板からCCDデジタルカメラを用いた観測に時代が移行します。ガイドも計算機が自動的にやってくれますので、現在の観測者は暖かい部屋でコーヒーを飲みながら露出が終わるのを待つことができます。

暗室での写真乾板の現像もなくなって観測はエレガントになりましたが、寒さや眠気をこらえて観測していた頃のことを、ときどき妙に懐かしく思い出します。

パロマー山の1.2mシュミット望遠鏡の前でポーズをとるハッブル　1948年　HUB 1042(5)

第4部
巨大望遠鏡と、20世紀最大の天文学者の挫折

ヘールの新たな夢

ヤーキス天文台とウィルソン山天文台をつくったヘールは、さらに大きな望遠鏡をつくることを考え始めました。ですが、これまで彼を援助してくれたチャールス・ヤーキス、ジョン・フッカー、アンドリュー・カーネギーは皆、すでに亡くなっていました。

１９２８年、ヘールは、ロックフェラー財団委員会幹事のウィクリフ・ローズを訪ねて、巨大望遠鏡建設のための調査費用を支援してもらえないかと打診しました。初対面のローズに「完成した望遠鏡はどこが運営するのか？」と聞かれ「カーネギー研究所が運営します」と答えます。

するとローズは「運営はカリフォルニア工科大学のような教育機関にすべきだ」と言いだします。じつはなにを隠そう、カリフォルニア工科大学は１８９１年に実業家エイモス・スロープが設立したスロープ大学を、１９０７年に評議員として参加したヘール自身が情熱を注いで育てあげ、改名された大学でした。

互いに異論のあるはずがありません。ヘールは急いで計画を練り、「600万ドルで5m望遠鏡の建設に着手したい」という計画書を財団に提出しました。そして財団は、1928年5月の理事会でこの提案を承認したのです。

図4-1　5m主鏡の裏側．軽量化ハニカム構造の肉抜きの穴が見える

主鏡の製作

5m主鏡のガラス材は、温度変化による収縮の少ない材料でなければなりません。ヘールはコーニング社の特殊ガラスを使うことにしました。次の課題は「いかに軽くするか」ということです。ヘールと計画を練ったフランシス・ピースは、ガラスを中空のハニカム構造（ハチの巣のような6角形の集まり）にすることで、軽量化することを

図4-2　ニューヨーク州のコーニング社から，列車でパサデナ駅に届いた５m主鏡用のガラス円板を，ハッブル(右端)が確認している　1936年　Cal Tech Archive 10. 17. 2-2

思いつきます(図4-1)。

予備実験を経て、１９３４年3月からガラスの鋳造が始まりました。総計65トンものガラスを溶かすのに15日間、それを１５７５度まで加熱するのにさらに16日間かかりました。耐火レンガ製の鋳型に溶けたガラスを注ぎ込み、4週間かけてゆっくりと冷却する——予定でしたが、鋳型の型材の固定用ピンが溶けて型材が浮き上がり、失敗してしまいます。ヘールも落胆したことと思われますが、融点の高いクロムニッケル合金でピンを作り直し、12月に2回目の鋳造が行われました。

ガラスの冷却は、今度は10か月もかけて慎重に行われ、無事成功しました。完成したガラスは特製の貨車でニューヨーク州から16日間かけて輸送され、１９３６年4月10日にパサデナ駅に到着しました(図4-2)。

望遠鏡の建設地はすでに、パサデナから南東へ150km、サンディエゴから北へ80kmで、光害の心配のないパロマー山を選び、土地の購入も済んでいました。望遠鏡構造の製作とすえ付けは、ウェスチィングハウス社が請け負いました。直径41mの巨大なドームがパロマー山に建設され、望遠鏡の到来を待つことになりました。

カリフォルニア工科大学に新設された工場での研磨作業は、1936年4月から始まりました。――しかし、そこから先が順調ではありませんでした。戦争による中断にも見舞われ、研磨が完了したのは、なんと11年後の1947年10月でした。

完成を心待ちにしていたヘールでしたが、残念ながらこの日を待たず、1938年に70歳で他界してしまいました。完成した放物面主鏡はその誤差が光の波長の10分の1以下、つまり0・00005mm以下という精度でした。もしもヘールが生きていてそれを知ったなら、さぞかし喜んだことでしょう。

渦巻の向き論争

1939年、50歳になったハッブルは、渦巻銀河の渦を調べる研究を行っています。

銀河の回転運動の周期は中心に近いほど短いので、渦巻模様は次第に巻き込んでいくように思われます。ところが、スウェーデンのベルティル・リンドブラッドが１９２６年に発表した理論によると、渦巻腕は次第にほどけて行くはずだというのです。銀河の渦巻が「巻込み型」なのか「ほどけ型」なのかという問題は、理論面からも観測面からも両方の解釈があり、当時は大きな論争になっていました。

渦巻構造は明るい星やガス星雲の模様として見えますが、そのすぐ内側に暗黒星雲の渦巻模様が少しずれて見えます。この関係は、「巻込み型」でも「ほどけ型」でも、もっともらしい説明が可能でした。ハッブルは、渦巻腕がはっきりと見えて回転の向きも測定できる15個の渦巻銀河を調べ、すべて「巻込み型」か、すべて「ほどけ型」かのどちらかであり、両者が混在することはないと結論しました。

「巻込み型」か「ほどけ型か」の区別をするには、さらに、渦巻銀河の銀河円盤(えんばん)が我々に対してどちら向きに傾いているのかを決めねばなりません。ハッブルは傾きの向きが推定できる4個の渦巻銀河から、すべての渦巻は「巻込み型」だと結論し、１９４３年に天体物理学会誌に論文を発表しています。ですが、この論文を最後に、ハッブルは再び戦争——第2

次世界大戦へと「巻込まれて」行くことになるのです。

じつは、「渦巻構造がなぜできるのか」は私の学位論文のテーマでした。この問題のその後については、後述します。

孤高の人

1930年代中頃までには、ハッブルは米国内ではもちろん、世界中でも最も著名な天文学者になっていました。いろいろな組織の代表や委員会の委員にも選ばれましたが、彼はあまりこれらの仕事には熱心でありませんでした。年2回開催されていたアメリカ天文学会にも、数回しか参加していません。アメリカ天文学会の副会長や国際天文連合でアメリカを代表する評議員にも選ばれましたが、これらの役職ではなに一つ重要な業績を残していません。

ハッブルは研究上の同僚(どうりょう)とも、プライベートで親しくつきあうことはなかったようです。他の研究者との手紙類はハンティントン図書館のハッブル記念庫に保存されていますが、残っているのはどれも、極めて専門的な内容のものばかりです。

また、学生や助手に囲まれて過ごす、ということもありませんでした。ハッブルは仕事の鬼で、生涯を観測的研究に捧(ささ)げたのでした。大成したハッブルは、気高く、威厳(いげん)に満ち、どこか近づき難い雰囲気を持っていたといいます。それが、周囲の人々の目には、時に尊大にさえ映ったようです。

ファン・マーネンとの確執

銀河の回転運動についてやりあったファン・マーネンとの確執(かくしつ)も、ずっと消えることはありませんでした。1930年代半ば、ハッブルはヒューマソンやバーデと連携して銀河の観測を続けますが、ファン・マーネンは孤立していました。ファン・マーネンは自分が管理していた測定機に、「無断使用禁止」の貼紙をし、ハッブルを困らせます。また、ファン・マーネンは「天文台から割り当てられた自分の観測夜数が、ハッブルより12日も少ない」と抗議し、2人の関係は悪化の一途をたどります。

それを物語る、こんなエピソードが残されています。ウィルソン山では、ディナーのテーブルで2.5m望遠鏡の観測者が上座に座り、ディナーの主役となる習慣がありました(コラム4参照)。ある日、ハッブルはいつもより早く食堂にきて、その夜の2.5m望遠鏡の観測者で上座にセットしてあったファン・マーネンのナプキンリングを、自分のものと取り替えてしまったのです。上座に着いて主役としてディナー開始を告げるベルを鳴らすはずだったファン・マーネンは、テーブルを見て一瞬顔色を変えますが、ことを荒立てることはしませんでした。

ハッブルがその人間性を疑われてしまうような事件は、じつはこれだけではありませんでした。ハッブルの宇宙論が正しいと結論づけるのに、渦巻星雲の回転運動に関するファン・マーネンの測定は最大の障害となっていました。そのため、ハッブルはファン・マーネンの写真乾板(かんぱん)を自分でチェックしてみたいとアダムス台長に申し出ます。アダムスはファン・マーネンと共著論文にしてはと水を向けますが、ハッブルは拒否します。そこでアダムスと副台長のシーレスは和解案として、ファン・マーネン、ハッブル、ニコルソン、バーデの4名の意見を聞き、4名の共著論文として、論争の論点をまとめた論文をわざわざ起案します。

ところが、他の3人はこの原稿に同意しましたが、ハッブルがこの論文の出版にも猛反対し、結局この論文は没になってしまいました。ハッブルのこれまでの様々なトラブルに手を焼いていたアダムス所長は、その態度に激怒してしまいます。先のナプキンリングの一件からもわかるように、アダムスによれば「人格的にはファン・マーネンのほうがハッブルよりもずっと紳士的」だったそうです。

コラム4　天文台のディナーのしきたり

2008年10月25日、私はウィルソン山の語り部をしていたドナルド・ニコルソン氏に、ウィルソン山天文台を案内してもらう機会がありました。当時90歳になるニコルソン氏は、ヒューマソンに数学を教えた天文学者ニコルソンの息子で、ハッブルの時代に一時期ウィルソン山天文台に出入りしていた電気技師でした。彼にはウィルソン山天文台の歴史に加えてハッブルとファン・マーネンの確執のエピソードなどもいろいろ聞かせてもらいました。

ニコルソン氏によると、ウィルソン山天文台でのディナーは、上座に座る2.5m望遠鏡の観測者が、食事中の話題をリードするしきたりがあったそうです。ハッブルはそのような

夜には、図書室であらかじめ『ブリタニカ百科事典』を調べ、誰も知っていそうにない事柄を話題のテーマに選んで予習し、自ら話の主役になるようにしていたそうです。

ここで、私が経験したチリのアンデス高原にある欧州南天天文台(ESO)でのディナーの様子をご紹介しましょう。

1984年、当時最大だった欧州南天天文台の3.6m望遠鏡に、新しい観測装置が完成しました。

図4-3 ウィルソン山天文台2.5m望遠鏡ドームのベランダにて，ニコルソン氏と

西ドイツ(当時)はミュンヘンのESO本部に客員として滞在していた私は、この装置を使った観測提案書を4つ提出したところ3つが採択され、光栄なことにこの装置の最初の観測者として1か月間チリに行くことになりました。

サンチアゴ市内の天文台のゲストハウスに着くと、最初のディナーの前に事務長から、しきたりの説明を受けました。

「ESOでは、ディナーテーブルの席次は大きな望遠鏡の観測者から順に座ることとなっている。あ

なたは今回の観測者のなかでは最大の3.6ｍ望遠鏡の観測者なので、主賓席に着いてくださ
い。皆が着席したら、テーブルの下にある隠しボタンを押して、ディナーの開始を告げて
ください」
実際、そのとおりにすると、食堂に接するキッチンの両開きドアが開き、蝶ネクタイの
給仕がワゴンを運び入れ、ディナーが始まったのでした。
日本の天文台ではカップラーメンの夜食を自分でつくったりしていたのですが、この体
験から「欧州の天文学は、もともとは貴族の学問だったな」と思い出した次第です。おそ
らくハッブルの時代のウィルソン山のディナーも、そのような欧州の伝統にならったもの
だったのでしょう。

母の死

ハッブル夫妻が欧州から戻った直後の1934年7月26日、ルイジアナ州に住んでいたハ
ッブルの母、ヴァージニアが亡くなります。葬儀の費用等は、ハッブルが家を出たあと独身
のまま母や姉妹を支えてきた弟のビルが支払いました。姉妹によると、この間、ハッブルか

ら実家に仕送りがされたことは一度もなかったそうです。グレースも、ついに一度も夫の家族と会うことはありませんでした。こうしたところにも、成功者であるはずのハッブルの、屈折(くっせつ)した一面がうかがえます。

じつはハッブルの家族が西部に来る機会が何度かあったのですが、研究所か町中で会うことにし、決して自宅へ招き入れることはありませんでした。グレースたちに話した生い立ちが、作り話だと発覚することを怖れたのかもしれません。ですが、ハッブルの幼友達がグレースの父に会ったことがあるようなので、ひょっとするとグレースは事情を知っていた可能性もあります。

華やかな交友

ハッブルや他の天文学者は、ウィルソン山へ毎月3～4晩観測に上がりました。それ以外の日は、ハッブルはパサデナの研究所か自宅で仕事をしました。グレースとハッブルはたいへん仲の良いカップルでした(図4-4)。ハッブルの数少ない弟子で後に『ハッブル銀河写真集』をまとめたアラン・サンディッジは、「ハッブル家をときどき訪れましたが、2人は

図4-4　英国への船上のハッブルとグレース　1936年
HUB 1048(6)

互いに尊敬しあっていました。グレースは献身的で、その会話は知性に満ちたものでした」と述べています。

ウッドストック通りの家には、いろいろな人が訪ねてきました。ハッブル夫妻は、近くに住んでいた英国の作家オルダス・ハクスリー一家とも親しくつきあっていました。スタンフォード大学出身のグレースは、文学、芸術、音楽、建築について相当の知識を持っていました。最優秀俳優と評された英国のジョージ・アーリス、英国の小説家ヒュー・セイモア・ウォルポール卿などとグレースが交換した書簡も、ハンティントン図書館に残っています。

ほかにも、ミッキーマウスの生みの親であるウォルト・ディズニー、駐米英国大使フィリップ・カー、著名な作曲家、作家や俳優、それにカリフォルニアの知識人などさまざまな人たちとの交流がありました(図4-5)。

ハッブルはこのような華々しい人々の間でも、影が薄い存在になることはありませんでした。彼は科学者でしたが、同時に歴史、古典文学、哲学、科学史にも深い知識を持っていたからです。天文台の職員とは個人的な付き合いを避けていたハッブルですが、自宅での華やかな交友関係は、社交的なグレースの影響が大きかったのではないかと思われます。

図4-5　左から，映画王ウォルト・ディズニー，ハッブル，恐竜の模型を手にする進化生物学者ジュリアン・ハクスリー(作家オルダス・ハクスリーの弟)．背景に古代生物のスケッチが並んでいる　1940年　HUB 1054

1938年、ハッブルはアメリカ西部鉄道王のヘンリー・ハンティントンによって設立された、ハンティントン図書館の顧問(こもん)になっていいます。ハンティントン図書館は、世界最初の印刷物とされているグーテンベルク聖書の初版本や近年の英国の絵画、貴重な陶磁器(とうじき)、彫刻などが収集展示されている、世界的に有名な図書館です(図4-6)。

なお、ハッブルの死後、グレースは夫が集めたコペルニクスの本の第2版、ガリレオ、ケプ

図 4-6　現在のハンティントン図書館．筆者撮影

ラー、ヘベリウス、リッチオリの本、ニュートンの『プリンキピア』などの貴重な書物をウィルソン山天文台の図書室に寄贈しましたが、書簡類や写真、観測日誌などは、このハンティントン図書館に寄贈しています。

第2次世界大戦へ

1933年1月、アドルフ・ヒトラーがドイツで新政府を樹立し、ユダヤ人を迫害し始めます。ユダヤ人だったアインシュタインは1932年の末、ドイツでの生活を諦めて米国へ移住する決心をします。

そして1939年9月1日、ドイツのポーランド侵攻を機に、第2次世界大戦が始まります。大戦が勃発したとき、米国政府は中立を宣言しますが、ルーズベルト大統領は反ナチスの支援活動を開始します。ハッブルは「このような時局のなか、研究を続けることはできない」と言って、南カリフォルニア自由主義擁護合同委員会に参加し、「自由と名誉と米国の安全を守るため、米国は参戦すべきである」と論じています。

そんなきな臭い状況下でも、ハッブルの名声は高まる一方でした。1940年2月、ハッブルの心の故郷である英国の王立天文学会が、学会最高の金メダルをハッブルに授与すると発表したのです。ですが激動する世界情勢の下、ハッブルは研究に没頭することはできず、1941年11月11日にアメリカ退役軍人会で「米国はすぐにヒトラーに宣戦布告するべきである」という演説をしています。これは12月7日(現地時間)に日本がハワイの真珠湾を攻撃するほんの4週間前のことでした。

53歳での復役志願

ハッブルは、真珠湾攻撃の直後に元陸軍少佐として復役を志願します。そして1942年8月の初めに天文台を辞職し、東海岸のメリーランド州、アバディーン試射場の弾道研究所に向かいます。弾道研究所は第1次世界大戦時に作られた巨大な軍事施設で、所長のサイモ

図4-7　米陸軍弾道研究所の風洞実験を視察する軍関係者に対応するハッブル（左端の後ろ姿）　1943年ごろ　HUB 1043(7)

ン大佐は大砲射撃や空爆の命中精度を高めるための弾道計算を指揮できる人材の推薦（すいせん）を求めていました。弾道計算は天体力学に通じるところがあることと、陸軍少佐としての経験があることから、カーネギー研究所長の推薦もあって、ハッブルに白羽の矢が立ったのです（図4-7）。

ハッブルはどこへ行くにもグレースと一緒でしたが、このときばかりは単身赴任し、妻に毎日のように短い手紙を書いています。10か月後には試射場の近くにようやく借家を見つけ、グレースをアバディーンへ呼び寄せました。

ハッブルのチームの仕事は、大砲と爆撃機のための射程表（しゃていひょう）を作ることでした。射程表は大砲の種類ごとに、爆撃表も爆弾の種類ごとに用意します。コンピュータもなかった時代です。計算には陸軍婦人部隊のなかから数学や物理学を修めた280名が集められ、膨大（ぼうだい）な計算を分担しました。弾道計算には重力と空気抵抗を考慮する必要があります。空気抵抗は爆弾の形にもよります。実験班が空気抵抗のデータを測定し、実際の射撃実験と計算結果が合うように計算法を調整するのです。ハッブルは、弾道測定装置の設計の指揮もしたようです（図4-8）。

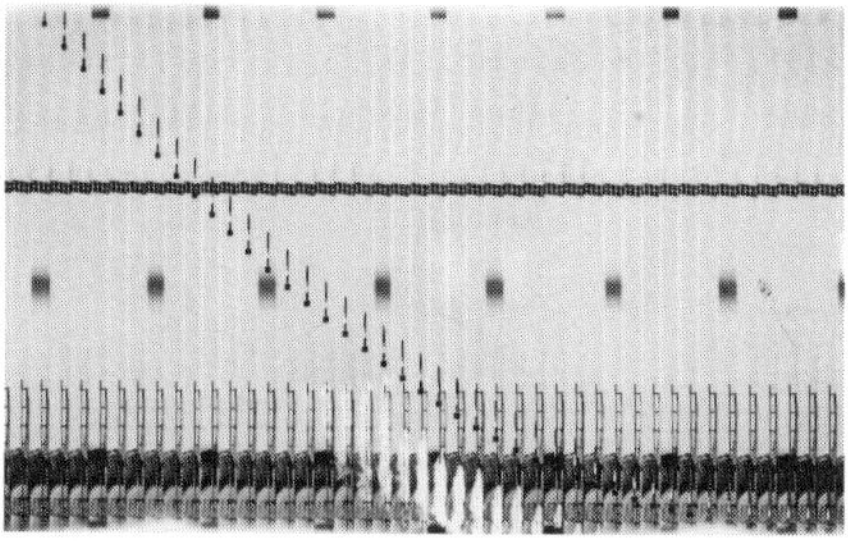

図4-8　ミサイル発射後の加速運動の測定のための連続写真　1943年頃　HUB 1044(15)

災いからの発見

ハッブルの後輩として、1931年にウィルソン山天文台にきたウォルター・バーデは、ドイツの出身でした。そのためアメリカ市民権の申請書類も用意していたのですが、うっかりそれを紛失してしまいます。戦争は、おそらくバーデにとってもショックだったことでしょう。1939年に戦争が始まると、ドイツ国籍のバーデは一時期、夜間外出禁止の対象者となります。この措置(そち)はやがて解除になったので、バーデは観測に復帰しました。

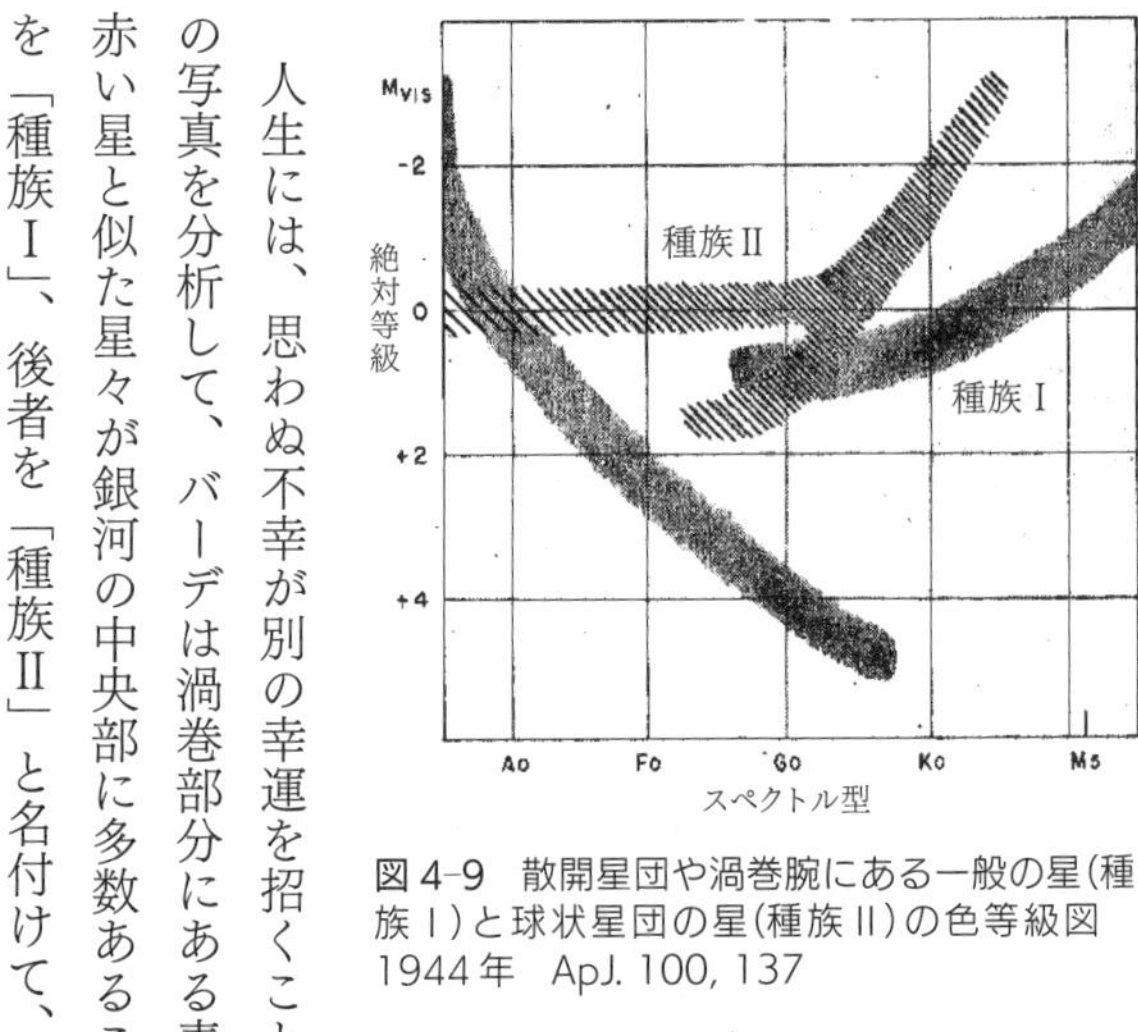

図4-9　散開星団や渦巻腕にある一般の星(種族Ⅰ)と球状星団の星(種族Ⅱ)の色等級図
1944年　ApJ. 100, 137

ところが皮肉なことに、多くの天文学者が従軍してウィルソン山天文台は手薄になっていたために、バーデが2.5m望遠鏡をほとんど占有することになったのです。しかも当時、ロサンゼルスは日本軍の空襲を恐れて厳しい灯火管制を行っていました。街灯りのまったくない暗い夜、大気のゆらぎが少ない最高の条件下で、バーデはアンドロメダ銀河M31やその伴銀河のすばらしい写真を撮影することができたのです。

人生には、思わぬ不幸が別の幸運を招くこともあるものです。星々が鮮明に写ったこれらの写真を分析して、バーデは渦巻部分にある青色から黄色までの星々とは別に、球状星団の赤い星と似た星々が銀河の中央部に多数あることに気づきます。1944年、バーデは前者を「種族Ⅰ」、後者を「種族Ⅱ」と名付けて、その性質の違いを図で示しました(図4-9)。

この違いは銀河のなかで星が生まれた歴史を示していることが、現在では分かっています。種族Ⅱの星々は銀河ができた最初の頃に生まれて現在も生き残っている体重の軽い星々で、水素とヘリウムからなり、炭素より重い元素がほとんどありません。最初に生まれた体重の重い星々はとっくに一生を終えて、核融合（かくゆうごう）でできた炭素より重い元素をばらまいてしまっています。種族Ⅰの星々は、種族Ⅱの星々がばらまいた重い元素を含むガスから生まれたので、種族Ⅱの星々とは性質が異なるのです。

種族Ⅱが先にできた星で、種族Ⅰが後からできた星なので、バーデの名付け方が逆だったら分かりやすかったのですが、天文学ではバーデの分類を尊重して、現在でもこう呼んでいます。

セファイド型変光星の周期光度関係も、種族によってわずかに異なることがその後確認され、アンドロメダ銀河の距離はハッブルが求めた値より遠いことが分かりました。アンドロメダ銀河の新星や球状星団が銀河系のものより暗いように見えた謎も、こうして解決したのです。

終戦、そして期待外れ

1945年8月、広島と長崎に原子爆弾が投下され、15日に日本は降伏、第2次世界大戦は終結しました。じつは戦争が始まる数年前から、ヘールが建設に奔走（ほんそう）した5m望遠鏡の完成を見すえ、新しい天文台長を決める駆け引きが水面下で進められていました。

カリフォルニア工科大学が十分な給与を約束すれば、ハッブルが台長就任を受け入れることは間違いありませんでした。ハッブルの身勝手な態度に手を焼いてきたアダムス台長も、文句なしの業績をもつ彼にその地位を譲ることを考え、カーネギー研究所長のメリアムにハッブルを推薦します。ハッブル自身も自分が新天文台長になるはずと確信し、給与が4倍になる別の職への就任を打診されましたが、これを断っています。

ところが、メリアム所長は違う考えをもっていました。彼は物理学者マックス・メイソンを1936年に5m望遠鏡計画の副議長に任命し、パサデナに派遣しました。メイソンは半年たらずの間に、ハッブルが論文出版や旅費の件でトラブルを起こしていたことや、長期にわたる外遊、ファン・マーネンとの確執などでウィルソン山天文台職員のなかでも評判がよくないことを調べ上げ、メリアム所長に報告していたのです。

1942年、メリアムの後任としてカーネギー研究所長となったバネバー・ブッシュは、「マンハッタン計画」と呼ばれる原爆開発を目的とした極秘のプロジェクトを推し進めます。じつは、ハッブルもマンハッタン計画を推進したロス・アラモス研究所に移籍しないかと誘われますが、ハッブルは新台長となることを想定していたので、これも固辞しました。

1944年、アダムス台長はいよいよ引退を決意し、ブッシュ所長と後任の相談を始めます。このときも、アダムスは業績や知名度から、ハッブルを推薦しました。しかし議論の末、自らの業績と名声を第一に考え観測所の運営や職員のケアには無関心なハッブルを台長にすると、新天文台の運営がつまずくだろう、との結論に達します。

2人は結局、当時46歳だった物理学者アイラ・ボーウェンを新台長に選びます。ボーウェンは星雲のスペクトルの研究で天体物理学のドレーパーメダルを1942年に受賞し、皆の評判もよい学者でした。これに、メイソンも同意したのです。

ブッシュ所長は1945年5月、弾道研究所にいたハッブルに会って新台長職について話し合いました。当然自分が推薦されると思っていたハッブルは、自分が管理職の仕事に没頭しないで済むように実務担当の副台長を置くことを提案しました。それに対してブッシュは、

「あなたが研究に専念できるようにすることが大切だと思う」と注意深く答えています。

1945年7月にニューメキシコ州で行われた最初の原爆実験に立ち会ったブッシュ所長は、その後パサデナに立ち寄って「新台長をボーウェンとし、新台長がハッブルを望遠鏡観測計画委員長に任命する」という戦略をアダムス台長たちに提案しました。

そして8月、第2次世界大戦が終結します。終戦後まもなく、ハッブルはブッシュ所長からの手紙でこの人事を知らされます。当時のハッブルの心境を記した資料は残っていませんが、自らの科学的な実績から当然自分が選ばれるものと思っていたハッブルは、さぞかし驚き、落胆したことでしょう。ハッブルは、ブッシュに「天文学者でなく物理学者を新台長にするとは驚きだ」との手紙を返します。

この決定に抗議の姿勢を示してウィルソン山天文台を去ることもできたでしょうが、パロマー山の5m望遠鏡を使った観測への夢を絶てなかったハッブルは、おそらく辛酸(しんさん)をなめる思いで、ボーウェン新台長から打診された観測計画委員長を引き受けると表明します。

こうして、ハッブルがウィルソン山天文台に戻ったのは、1945年12月のことでした。

二度と起こってはならない戦争

核兵器の開発は、良識ある科学者の不安をかき立てることになりました。ドイツが核兵器を開発する可能性を考え、米国での核兵器の開発を進言したアインシュタインも、これを後悔し、戦後は平和運動を展開しています(図4-10)。

図4-10　アインシュタインとオッペンハイマー．オッペンハイマーも原爆開発の指導的役割を果たしたことを後悔して水爆開発に反対，原子力行政から追放された

ハッブルも天文台に戻った翌年、ロサンゼルスで行った公開講演で「二度と起こってはならない戦争」と題して、これからの戦争は人類の自殺行為になることを強く訴えています。ハッブルの警鐘は現代にも当てはまるものであり、第2次世界大戦の直後にハッブルがこのような発言をしていたことは、注目されるべきでしょう。

その一方で、戦勝に貢献したアメリカ市民として、名誉メダルも受けています。受賞の説明書には、ハッブルが爆弾やロケット弾の軌道研究用の高速カメラを開発し、攻撃性能が改良されたと記されています。じつは、このメダルと同じものが、原子爆弾開発に携わったエンリコ・フェルミとロバート・オッペンハイマーにも与えられています。こうしたことから、弾道研究所でのハッブルの業績が、アメリカ政府からは高く評価されていたことがうかがえます。

パロマー・ウィルソン山天文台

天文台では、台長就任の経緯もあって、ボーウェン新台長がどんな方針を打ち出すのかを誰もが見守っていました。そうしたなかでもたらされた最初の良いニュースは、カリフォルニア工科大学とカーネギー研究所が「ウィルソン山天文台とパロマー山天文台を1948年4月から統合運用することに合意した」という知らせでした。

この協定で、ウィルソン山天文台の天文学者はカリフォルニア工科大学の教授に任命されますが、従来どおり観測に専念できることになりました。カリフォルニア工科大学も、学生を天文台に送り、実地教育を受ける場を確保できたのです。

戦争で中断していた5m望遠鏡の建設も再開され、1.2mシュミット望遠鏡も完成間近でした。こうしてパロマー・ウィルソン山天文台は、その後の大きな発展の礎(いしずえ)を築いたのでした。

ハッブル銀河写真集

戦後、カリフォルニア工科大学からアラン・サンディッジとハルトン・アープが、新入りとしてウィルソン山天文台に参加します。

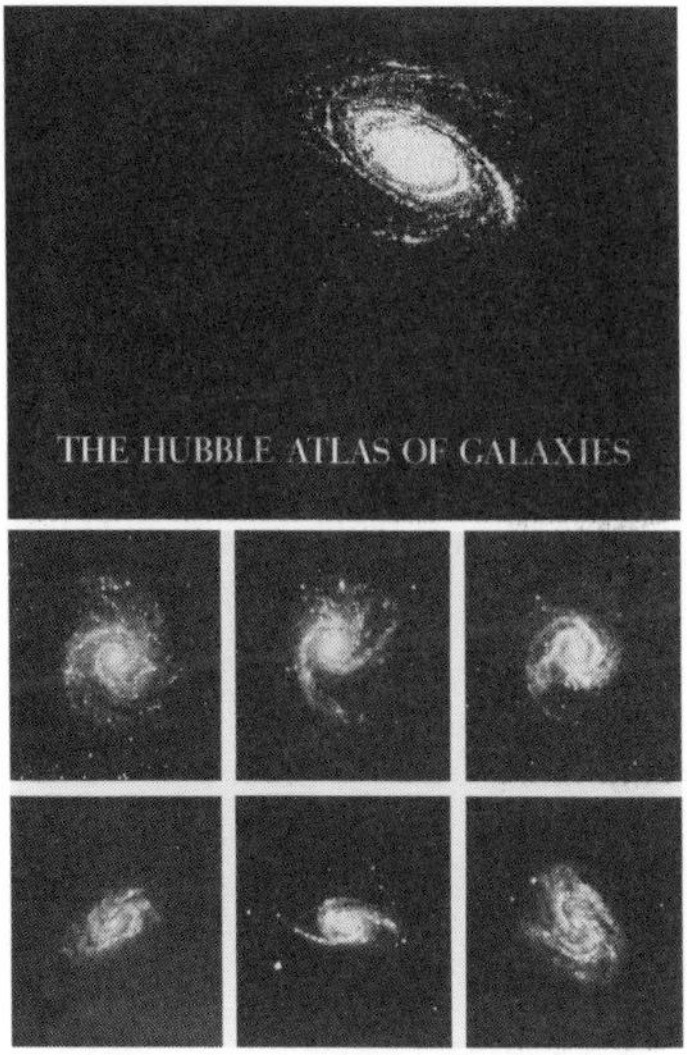

図4-11『ハッブル銀河写真集』

ハッブルは天文台に戻った直後から、銀河の分類の見直しを始めていました。1.5m望遠鏡と2.5m望遠鏡で撮影した何百枚もの写真を見直し、ハッブルの分類の典型例を示す銀河の写真集をつくるためです。この写真集はハッブルが亡くなるまでには完成しませんでした。その計画を引き継いだサンディッジが『THE HUBBLE ATLAS OF GAL-

AXIES(ハッブル銀河写真集)』として出版したのは、1961年のことでした(図4-11)。

この写真集は、後の天文学者たちにも大きな影響を与えています。じつは私自身も東京大学天文学科の図書室でこのハッブルの写真集に出会い、渦巻銀河の美しさにすっかり魅せられて「渦巻構造がなぜできるのか」を学位論文の研究テーマにしようと決心したのです。ですからハッブルは私の研究者人生にとっても特別な存在であり、いまこうしてその伝記を記していることに、特別な縁を感じずにはいらせません。

夢、破れる

ハッブルの名前は科学者だけでなく、一般の人にもよく知られていました。それを象徴するのが、1948年にハッブルの肖像(しょうぞう)が著名な雑誌「タイム」の表紙を飾ったことでしょう(図4-12)。その後の半世紀に「タイム」誌の表紙を飾った天文学者は、クエーサーを発見したマーチン・シュミットと作家としても有名なカール・セーガンだけです。

こうした背景もあったのでしょう、天文台長にはなり損ねましたが、ハッブルは自分こそが5m望遠鏡を駆使して、研究をさらに進める主役になると信じて疑いませんでした。

1948年のある日、ボーウェン台長ほかウィルソン山の首脳がハッブルの家に集まりました。5m望遠鏡の観測計画を話し合うためでした。ハッブルは以前から暗い銀河の分布を調べる大計画を提案しており、当然、自分の計画が採用されるものと思っていました。

ですがその計画を実行するには、5m望遠鏡の全観測時間の半分を、しかも月のない貴重な暗夜をすべて使わねばなりません。それにこの計画では、明確な結果が得られないリスクもありました。その点、「赤方偏移の大きい銀河の探査研究」なら確実な成果が期待できます。皆はハッブルを傷つけないように気を配りながら、計画を断念するように説得しました。この議論にはもっともな点が多く、ハッブルも紳士的に受け止めざるを得ませんでした。

図4-12　ハッブルの肖像が表紙になった，「TIME」1948年2月9日号

でも、天文学に人生を捧げてきたのですから、世界最高の新しい望遠鏡で観測研究をすることはハッブルの夢だったに違いありませ

ん。苦渋の決断で天文台に残ったでしょうに、自分の計画が実現できないことを知って、たいへんなショックを受けたことでしょう。もしかしたらそれは、台長になれなかったこと以上にハッブルにとっては無念の出来事だったのではないでしょうか。

5m望遠鏡のお披露目

5m望遠鏡のファーストライト(最初の試験観測)は、1947年12月21日の夜でした。望遠鏡責任者メイソンとボーウェン台長は、ファーストライト後もさまざまなテストを慎重にくり返します。建設中は外から見ても進み具合が明白ですが、望遠鏡の初期調整は地味で、忍耐強さと信念が必要です。この間はニュース発表もなく、「5m望遠鏡は失敗作だったのでは?」という陰口も聞こえてきます。ボーウェンたちはこれにじっと耐え、調整を完了しました。

結局、5m望遠鏡の完成式典は、ファーストライトから半年後の1948年6月3日に開催されることになりました。当日は約800人の招待客を前に、カリフォルニア工科大学長が5m望遠鏡を「ヘール望遠鏡」と命名すると宣言しました。新台長のボーウェンが望遠鏡の説明を行い、望遠鏡を動かしてみせます。

しかし新台長になり損ねたハッブルには、この式典で挨拶する機会はありませんでした。果たしてハッブルは、どのような気持ちでこの式典に参加していたのでしょうか。

巨大望遠鏡の威力

ところが完成式典が終わるとまもなく、5m望遠鏡の駆動機構や主鏡に欠陥があることがわかりました。半年間の再調整を行って、1949年1月26日にハッブルは、再調整を終えた5m望遠鏡での最初の観測を始めます。5m望遠鏡の感度を調べるため、彼はすでに21等星までの星の明るさが測定されていた天域を撮影しました(図4-13)。

すると、2.5m望遠鏡では長時間の露出で辛うじて見えた星々が、この新しい巨大望遠鏡ではほんの5分間の露出で得た写真乾板にも写っているではありませんか。条件の良い夜に1時間露出で撮影した乾板では、さらに1.5等級も暗い天体まで写ることが確認されました。その結果、驚いたことに、約21等級より暗い天体では恒星の数よりも銀河の数のほうが多くなることがわかったのです。5m望遠鏡は2.5m望遠鏡より2倍も遠くにある銀河まで写し出したためでした。

５ｍ望遠鏡の不具合を本格的に直すため、１９４９年5月から主鏡を外しての再研磨が始められます。再研磨が終わったのは、秋になってからでした。しかしせっかく不具合が直ったものの、一難去ってまた一難です。戦後はロサンゼルスのスモッグがひどく、街灯りがスモッグに半反射してロサンゼルス上空がぼんやりと光るようになり、観測者たちを悩ませるようになりました。ハッブルたちはこれを「ロサンゼルス星雲」と呼んでいたそうです。

図4-13　5m望遠鏡主焦点ケージのハッブル
1950年　HUB 1042(7)

突然の発作

１９４９年７月、ハッブル夫妻はコロラド州のなじみの牧場へ趣味の川釣りに出かけました（図４-14）。ところが夜中にハッブルが苦しみだし、グレースは夜明け前に主治医に電話をします。主治医の指示でモルヒネの錠剤を与え、症状が安定したのでふもとの病院へ行って診察を受けると、心筋梗塞であることがわかりました。グレースは愕然とします。

入院４日目に２度目の発作が起きますが、グレースは夫の病状を外部にもらさぬよう、ウィルソン山天文台の同僚にも釘をさします。およそ１か月後、ハッブルは主治医に付き添われ、寝台車でコロラドからパサデナに戻りました。

図4-14　コロラド州リオ・ブランコ牧場で川釣りの身支度をしたハッブル　撮影日時不詳　HUB 1036(1)

自宅の２階で静養することになったハッブルは喫煙を禁じられ、空のパイプをくわえていたそうです。発作で死を意識したのでしょう、60歳の誕生日を迎えた直後に「すべての財産をグレースに遺す」という遺書を書いています。

健康上の不安に加えて、ハッブルには心を痛めていたことがほかにもありました。それはアインシュタインやエディントンらによって宇宙の構造と進化の研究が進みましたが、それに伴って、宇宙の始まりや終わりについて議論することを批判する動きがあったことです。「万物は神が創造した」とするキリスト教の価値観を持つ人が多数を占めるアメリカにおいて、このような科学的な議論を「神を恐れぬ尊大な行為」とみなす人々がいたのです。

こうした科学に対する批判が天文学の世界に影響することをハッブルは心配し、警鐘を鳴らさねばと考えていたのです。

骨の髄まで観測家

5m望遠鏡は再研磨、再メッキされて1949年末にはいよいよ完璧な状態で使えるようになりました。1950年の春には、ハッブルの容態もかなり安定していました。戦後、アダムス台長は、ハッブルの仕事ぶりには干渉せず自由にさせていました。新台長になったボーウェンも敬意を払って接してくれることがわかり、ハッブルは自分の存在感を示す場となる望遠鏡観測計画委員長の仕事にも、あまり関心を示さなくなっていました。本来は議論すべき内容が多くあるはずでしたが、この会議はいつも30分で終わるようになりました。

ですが、少し健康を取り戻したハッブルは、状態が良くなった5m望遠鏡でぜひとも観測したかったに違いありません。10月には主治医の許可を得て、18か月ぶりの観測に復帰します。観測を終えたハッブルは上機嫌だったそうです。やはり彼は骨の髄まで、根っからの観測家だったのでしょう。

ウィルソン山の語り部ニコルソン氏は「ハッブルは台長になっていたら不評を買い、失脚していただろうから、台長に選ばれなくてむしろ幸運だった」と言っていました。

ちょうどこの頃、ヒューマソンも、みずへび座の銀河で毎秒6万1000kmの後退速度を確認することに成功しています。

架けられなかった肖像画

発作から4年後の1953年5月、ハッブルは英国王立天文学会の招きでロンドンに赴き、進化論で有名なダーウィンを記念した伝統ある講演会で、「赤方偏移の法則」と題して講演

図4-15 黒猫ニコラスを抱いて穏やかな顔を見せるハッブル 1953年 HUB 1035(9)

を行いました。この講演では、ハッブルの法則の発見、ヒューマソンによる後退速度が毎秒6万1000㎞の銀河の確認について話しました。

この頃には、前述したようにバーデによる恒星の種族の発見で、宇宙の年齢も約2倍になり、地球の岩石の年齢との矛盾も解消していました。

ハッブルは赤方偏移が0・25、つまり宇宙の約4分の1までの観測は、5m望遠鏡でできるだろうと宣言しました。それ以上の観測にはさらに強力な望遠鏡が必要でしたが、戦時中に弾道研究所で軍事予算の莫大な規模を知ったハッブルは、「戦闘機1機分の予算を天文学に回せば、次の望遠鏡の建設ができる」と論じています。その後、ハッブルはグリニッジ天文台を訪れ、若き日のエリザベス女王とエジンバラ公にも拝謁しました。

グレースは英国滞在中に、オックスフォード大学の衣装をまとったハッブルの肖像画を描かせました。帰国後、これをカリフォルニア工科大学の講堂に架けたいと願い出ましたが、大学側はハッブルが同大学の教授でないことと、ハッブルの肖像画を架けるなら、その前にヘールの肖像画を架けるべきだという意見があり、実現しませんでした。ここでもハッブルは多少の挫折感を味わったものと思われます。

ハッブル逝く

1953年9月28日の朝、サンタバーバラの研究所にいつものとおり出かけたハッブルは、昼食のために3km先の自宅に向かって歩いていました。車で出かけていたグレースは、偶然、歩いている夫を見つけて車に乗せます。他愛のない話をしていたグレースは、やがてハッブルの様子がおかしいことに気づきます。自宅に着く頃、ハッブルは何か言おうとしましたが、意識を失ってしまいました。脳卒中を起こして、ほぼ即死状態

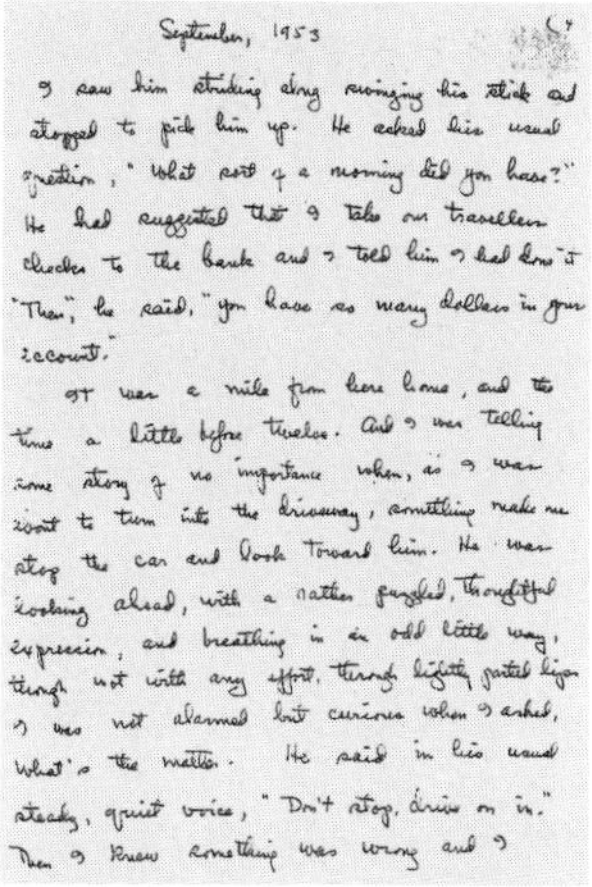
September, 1953 (4)

I saw him striding along swinging his stick and stopped to pick him up. He asked his usual question, "What sort of a morning did you have?" He had suggested that I take our travellers checks to the bank and I told him I had done it. "Then," he said, "you have so many dollars in your account."

It was a mile from here home, and the time a little before twelve. And I was telling some story of no importance when, as I was about to turn into the driveway, something made me stop the car and look toward him. He was looking ahead, with a rather puzzled, thoughtful expression, and breathing in an odd little way, though not with any effort, through lightly parted lips. I was not alarmed but curious when I asked, What's the matter. He said in his usual steady, quiet voice, "Don't stop, drive on in." Then I knew something was wrong and I

図4-16　ハッブルの最期の様子を記したページ．グレースの日記から

図 4-17　アダムス(左)とハッブル(中央)．ウィルソン山天文台 2.5 m 望遠鏡で　1931 年 COPC 3168

だったそうです。64歳の誕生日を迎える3週間前のことでした。

天文台長になり損ね、自分の提案した観測計画も皆から賛成してもらえなかったハッブルは、体調を崩してから弱気になっていたのでしょう。「自分が死ぬときは静かに消えたい」とグレースにもらしていたそうです。

グレースは、ハッブルの死を誰にも知らせず、葬式もせずに、翌日には遺言どおりに遺体を火葬しました。土葬が一般的だったにもかかわらず、あえて火葬を選んだハッブルの心境はどのようなものだったのでしょうか。ヒューマソンやサンディッジも別れを告げる機会がなく、遺灰を納めた壺(つぼ)がどこに埋葬(まいそう)されたかさえも公表されませんでした。

ハッブルの死は、新聞大手の「ニューヨーク・タイムズ」などでも報道されました。後にヒューマソン、アダムス、メイヨールらが追悼(ついとう)記事をいろいろな出版物に寄稿しています。アダムスは、ハッブルの経歴と業績を詳しく述べて「彼の死が天文学界にもたらす損失ははかり知れない」と述べています。ハッブルの行状に手を焼いていたアダムスも、彼の業績には同じ天文学者として、敬意を抱いていたのでしょう(図4-17)。

ハッブルが亡くなった後、グレースはノーベル賞選考委員のエンリコ・フェルミとチャンドラセカールから、「ハッブルを物理学賞の候補に推薦していた」と聞かされました。しかし、ノーベル賞は存命の人にしか授与されません。ハッブルはまさに大事なときにこの世を去ってしまったのです。

20世紀最大の天文学者

先述したように、グレースは後の研究者のためにハッブルの資料を整理して、1954年にハンティントン図書館に寄贈しました。その際に、資料を寄贈から20年間は公開しないこと、公開後も資料をもとにハッブルの伝記を書く作家は男性の科学者であること、という条件をつけた手紙を添えています。なぜ「男性」という条件をつけたのかは、今となっては不明です。

それ以降、グレースはひっそりと暮らし、研究者や伝記作家との接触を一切断ります。グレースは、夫のことを快く思わない人たちがいることに気付いていたのかもしれません。長年の同僚たちをも遠ざけたのは、巨大望遠鏡で自分のやりたい観測をするという夫の夢が叶わなかったことへのわだかまりもあったのでしょうか。

ハッブルが亡くなってから28年後の1981年、グレースは90歳で静かにこの世を去りました。グレースの遺灰は夫と同じ場所に埋葬されたそうです。

結局、ハッブルの記念碑や銘板(めいばん)は、パロマー山天文台にもウィルソン山天文台にも作られませんでした。偉大な業績だったにもかかわらず後輩の誰もその労を執(と)ろうとしなかったところにも、当時の天文台でのハッブルの立場がうかがわれます。そして彼を有名にした2.5m望遠鏡も、1985年に老朽化のため、68年間にわたった運用を停止しました。

しかし1971年、国際天文連合は、月の縁にあるクレーターの1つにハッブルの名前をつけました。1955年には、小惑星2069番と2070番に、ハッブルとヒューマソンの名前がつけられています。

ですがハッブルの名前を今も私たちに伝える最も有名なものは、やはり「ハッブル宇宙望遠鏡」でしょう。

パロマー山5m望遠鏡が完成する直前の1946年には、プリンストン大学の理論天体物理学者ライマン・スピッツァーが「大気圏外の地球周回軌道に望遠鏡を打ち上げることができれば、大気に妨(さまた)げられることなく画期的な観測ができる」と提案していました。1969年にアポロ11号で月面に人類を到達させたNASAは、1977年に宇宙望遠鏡建設予算の議会承認を得て、宇宙望遠鏡の建設を進めました。そんななか、宇宙の新たな姿を見せてくれるこの望遠鏡を、エドウィン・ハッブルにちなんで、1984年に「ハッブル宇宙望遠鏡」と命名することが決まったのです。

「20世紀最大の天文学者」と呼ばれるにふさわしい

図4-18　アンドロメダ銀河の写真を指さすハッブル　1940年頃　HUB 1042(1)

業績を残しながら、周囲の人々との軋轢も多かった、ハッブル。成績優秀でハンサムなうえにスポーツ万能、という誰からもうらやましがられる資質を持ちながら、その人生をたどると、強すぎる自意識と屈折した劣等感を抱えていたようにも感じてしまいます。

同じ天文学の世界に身を捧げた同じく自意識の強い後輩研究者の1人として、業績ではそれこそ天地ほどの差がありますが、ハッブルの栄光と挫折の人生、そのときどきの心情・興奮が、なにか共有できるような気がしてなりません。

ハッブルの光と影の人生は、やはり私を惹きつけて止まないのです。

ハッブル宇宙望遠鏡　2002 年 4 回目の修理ミッション時にスペース・シャトルから撮影(©NASA)

第 5 部
観測的宇宙論の展開

膨張宇宙論と定常宇宙論

さて、ここからは、ハッブルが亡くなった後、宇宙論がどのように展開したのかを振り返ってみることにしましょう。

まだハッブルが存命だった1946年、理論物理学者のジョージ・ガモフは「ハッブルの法則から導かれた膨張則をもとに時間を遡ると、宇宙は有限時間の過去には1点に集中し、そのエネルギー密度が無限大になったはずだ」と、指摘していました。

そのような超高温・高密度の宇宙での原子核反応を考えたガモフは、「宇宙の最初にはヘリウム原子核が合成される」との考えに至ります。仮に星のなかの核融合ですべての元素が合成されたと考えた場合、年齢の異なるどの星でもほぼ同じ割合のヘリウムを含んでいることは説明ができません。ですが「そもそも宇宙の最初に合成されたヘリウムが同じ割合で星に取り込まれていたからだ」と考えれば、うまく説明できます。

このようにして始まった宇宙は、急激な膨張に伴い急速に冷え、プラズマ状態だった陽子と電子が結合して中性水素原子になります。そうすると、それまで荷電粒子に散乱されていた光子は直進できるようになります。逆に考えると、我々はこの時代までは光で昔の宇宙の姿を探ることができますが、それ以前のプラズマ状態の宇宙の姿は、光では見通せないということです。そこで、光が直進するようになったこの出来事は「宇宙の晴れ上がり」と呼ばれています。

現在では、宇宙の晴れ上がりが起きたのは、膨張宇宙が始まってから約38万年後のことで、その頃の宇宙の温度は約３０００度にまで、冷えていたはずとされています。この時代から現在までに宇宙がさらに大きく膨張し冷えたため、「宇宙の温度は今では、絶対温度５度程度となり、その温度に相当する黒体放射のマイクロ波が宇宙を満たしているはずだ」と、ガモフは１９５６年の論文で予想しました。

宇宙論の理論のなかでも、このガモフの「膨張宇宙モデル」は、宇宙の歴史についてさまざまな物理学的な予測を生み出したという意味で、極めて重要な研究となりました。１９６４年にペンジアスとウィルソンがマイクロ波の電波で宇宙背景放射を発見し、ガモフの宇宙論は一躍注目されることになったのです。近年の宇宙背景放射観測衛星の測定では、宇宙の温度は2・725度とされています。

ですが、当時のほとんどの人は「宇宙は永遠不滅である」と考えていました。英国の天文学者フレッド・ホイルらは「宇宙は膨張していても常に新たな空間と物質がわき出てくるため、定常性を保っているのだ」とする「定常宇宙論」を1948年に唱えていました。このため、第3部でも述べたように、宇宙が大きな火の玉状態で始まるというガモフの宇宙論を皮肉って「Big Bang(ビッグバン、大きな爆発)」宇宙と呼びました。

ところがこの「ビッグバン」という言葉を、皮肉られたはずのガモフ自身が気に入って使ったこともあり、その後定着した用語となりました。この巨大爆発で始まるとされる「ビッグバン宇宙論」は、皆さんもご存知のように、現在では広く受け入れられています。

ビッグバン宇宙は1点から始まったとされていますが、そのごく初期に「インフレーション」と呼ばれるとてつもない膨張の段階があり、宇宙がほぼ一様等方(どこで見てもどの方向を見ても同じ)になったと考えられています。宇宙年齢の137億年の間に光速で信号が伝わる範囲が「観測できる宇宙」となります。その外にも宇宙は広がっているはずですが、その外とは交信ができないので、この範囲が「観測できる宇宙の果て」となります。

「ビッグバン」という言葉は爆発をイメージして誤解を招くので、1993年に天文学者カール・セーガンらの呼びかけでより良い名前を公募したことがありますが、結局、「ビッグバン」よりも良い名前はだれも想いつきませんでした。

宇宙考古学

ハッブルが亡くなる2年前の1951年、ヒューマソンは6つの銀河団の速度の測定結果を発表しています。そのなかで最大のものが、第4部でも触れた、後退速度が毎秒6万1000㎞に及ぶ銀河団でした。現代の宇宙モデルでは、約25億光年かなたの銀河となります。地球から太陽までの距離が0・00001581光年ですから、「25億光年」がどれほど遠いか、想像してみてください。

時間と空間が独立でない宇宙の時空は直感的な理解が困難です。宇宙における距離の定義は何種類かあるので、ややこしい限りです。しかし、話を簡単にすると「100億光年かなたの銀河からの光は、地球に届くまでに100億年かかる」ということになります。つまり、「より遠くを見ることは、より昔を見る」ということになるのです。地質学者がより深い地層を調べて地球の歴史を探るように、天文学者はより遠い銀河を見てより昔の宇宙を調べることができるのです。ですから天文学はより大きな望遠鏡を作ることで「宇宙考古学」を進めてきたのです。

そのため、ハッブルの時代の天文学者たちは「5m望遠鏡が完成すれば宇宙をより遠くまで見通すことができて、宇宙の構造と歴史がわかるだろう」と期待していました。遠くに見える昔の宇宙と近くに見える最近の宇宙での銀河の分布から、宇宙膨張の歴史を探ることができるはずだからです。

しかしやがて、話はそう単純ではないことがわかってきます。恒星(こうせい)は誕生した時の重さでその一生が決まります。重い星と軽い星では表面の温度が違うために、明るさや色が異なるうえ、核融合反応率が大きく異なるため、その寿命も大きく異なります。このように進化する恒星の集団として銀河がどう見えるかを考えると、銀河自体の見え方も時とともに変化してきたはずです。遠い銀河の姿は昔の若い時代の姿なので、近い銀河の成熟した姿と比べるには、銀河の成長の様子も理解しておく必要があります。これは「銀河の進化効果」と呼ばれています。

さらにもう一つ、気をつけねばならないことがあります。それは、遠い銀河を可視光(目に見える光)で観測する場合、実際には波長が短くて目には見えない紫外線だった光が、赤方偏移して可視光になったものを見ていることになります。つまり赤方偏移のせいで、実際には本来とは異なる光を比べていることになります。これは「赤方偏移効果」と呼ばれています。

銀河の見え方から宇宙の構造とその進化を読み解くには、銀河自体の「進化効果」や「赤方偏移効果」も正しく理解しておく必要があるのです。

これらの問題にハッブルは既に気づいていたので、第4部で述べたように、5m望遠鏡で壮大な観測を計画したのです。ただ、それはあまりに時間のかかる大変な観測だったので、残念ながらハッブルの提案は採用されなかった、というわけです。

赤方偏移効果と進化効果の理解

「赤方偏移効果」を理解するには、銀河が紫外線・可視光・赤外線でどう見えるのかを知っておく必要がありました。紫外線や一部の赤外線は地球の大気で吸収されてしまうため、地上の望遠鏡では観測できません。

　ロケットや人工衛星に望遠鏡を載せて大気圏外に飛び出ることによって、紫外線や一部の赤外線の観測が可能になったのは１９８０年代以降のことです。こうして、現在の渦巻銀河や楕円銀河の放つ紫外線から赤外線までの光の様子がわかり、赤方偏移効果をほぼ補正することができるようになってきました。

　また、「進化効果」の理解には、銀河のなかで恒星がどのように生まれるのかが鍵となります。質量の大きい重い星ほど、その中心部は高温になり核融合反応が激しく進むため、きわめて明るく青く輝きますが、すぐに寿命が尽きてしまいます。一方で、太陽よりも質量が小さい星は目立たない赤っぽい色となり、核融合反応が１００億年以上かけてゆっくりと燃えて行きます。重い星は太く短く明るく華々しく一生を終えるのに対し、軽い星は細く長く目立ちすぎずに輝き続けるのです。

　つまり銀河全体の明るさと色は、重い星と軽い星がどのような割合で生まれるのか、また星の誕生が銀河誕生時の爆発的なベビーブームだったのか、宇宙時間にわたりゆっくり一定して生まれて行くのか、によって変わるはずです。

ということは、どのように恒星が生まれるのかがわかれば、銀河の進化効果を追うことができるはずです。実際には銀河の光には恒星からの光に加えて、電離した星間ガスが放つ光もあります。星間ガスは恒星の紫外線を受けて電離した原子が特定のスペクトル輝線を放つので話は少しややこしくなりますが、銀河の放つ光の進化の理解は1970年代後半から研究がおおいに進みました。

なお、この分野では、ベアトリス・ティンズリー(1941〜81年)を初めとする多くの女性天文学者が活躍しました。

ライマンアルファ銀河の予言

遠い昔の原始銀河が調べられれば、宇宙の歴史を探ることができます。では、どうやったら、遠い昔の銀河を見つけることができるでしょうか？　この問題に明確な指針を与えたのは、1967年のパートリッジとピーブルスの論文でした。

銀河に最もたくさんある原子は、水素原子です。水素原子は陽子と電子からなりますが、陽子の周りを回る電子の軌道は、量子力学に則り、とびとびの軌道しか取れません。1番内

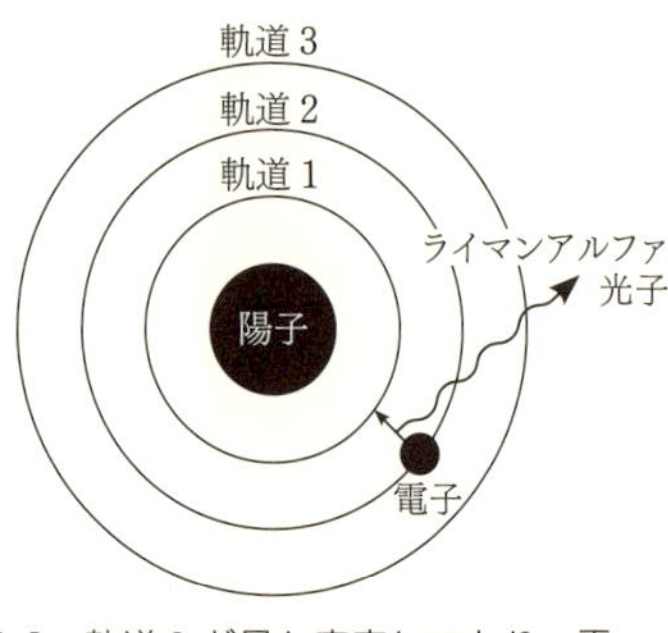

図 5-1　軌道 1 が最も安定しており，電子はここへ向かって落ちてゆく．その際に放出される余ったエネルギーが，ライマンアルファ光子

側の軌道が最もエネルギー状態の低い安定軌道で、水素原子が冷えていくと、最後はこの軌道に電子が落ちていきます。2番目にエネルギー状態の低い軌道にある電子が、最低エネルギー状態に落ちるときに、余ったエネルギーを光子として放出します（図5-1）。

この光子を「ライマンアルファ光子」と呼びます。冷えていく水素原子は、最後にはこの光を出しますので、波長121・6nm（0・0001215㎜）のライマンアルファ光子は、水素原子が出す一番強い光となるはずです。パートリッジとピーブルスは「このライマンアルファ光子の輝線スペクトルを目印に、遠い銀河を探せばよい」と提案したのです。

この論文に刺激されて、1970年代から1990年代まで約30年間にわたり、世界中の天文学者が当時の最先端の望遠鏡とカメラを駆使してさまざまな探索観測を試みました。筆者も日本で最初に実用化した冷却CCDカメラを1986年に夜空の暗い木曽観測所（東京大学）に持ち込んだり、大西洋のカナリア諸島にある英国の4mウィリアム・ハーシェル望遠鏡でライマンアルファ銀河の観測を試みました。

しかしながら、30年間、世界中の誰一人として、ライマンアルファ銀河を発見することができませんでした。当時の望遠鏡の感度と探索視野の狭(せま)さでは、無理な観測だったのです。ですがその後、この分野では、すばる望遠鏡の完成によって日本の研究者が大活躍することになるのです。それについては後で述べましょう。

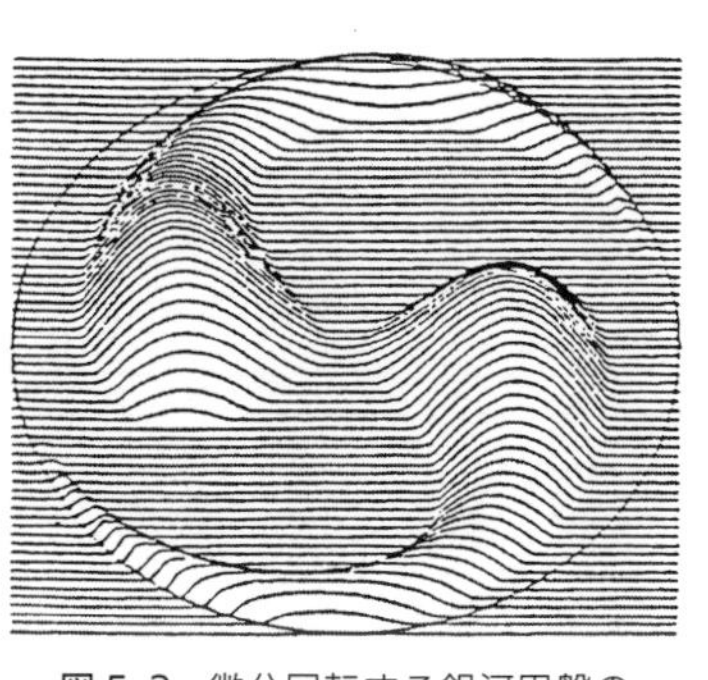

図5-2　微分回転する銀河円盤の不安定振動モード（筆者の学位論文, 1978年より）

渦巻論争、その後

私の学位論文は銀河の渦巻(うずまき)がなぜできるのかがテーマでした。円盤(えんばん)状の銀河は重力的に不安定な場合がありますが、円盤は内側ほど速く回っているため、不安定な円盤に発生する模様は自然に渦巻模様となることが数学的に証明できます。実際の銀河に近い状態をコンピュータで再現すると図5-2のような渦巻模様が

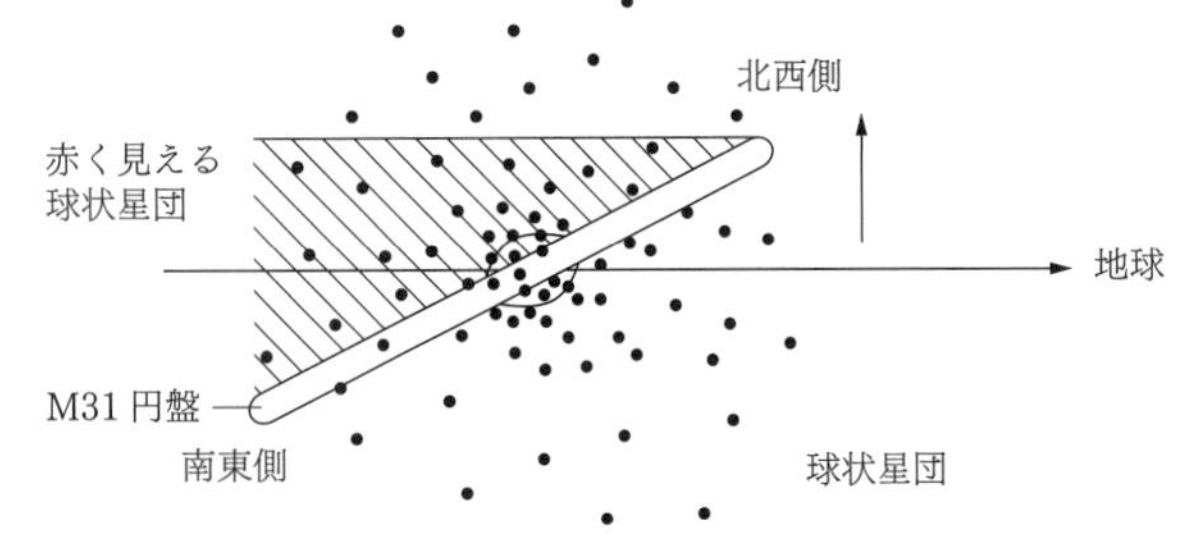

図 5-3　銀河円盤の背後にある球状星団は赤く見える

発生することが確認できました。それも巻込み型の渦巻ができることが多いのです。

さて、第4部でも述べた、星雲の渦巻の向きが「巻込み型」か「ほどけ型」か、という論争を思い出してください。ハッブルは「巻込み型」と推定しましたが、彼の論文の発表以降もじつは正式には決着はしていませんでした。それは銀河円盤のどちら側が我々に近い側かを判断する確定的な方法がなかったからです。最も近いアンドロメダ銀河でさえ、その円盤の北西側と南東側のどちらが我々に近い側であるのか、意見が分かれていました。

そこで私が注目したのは、アンドロメダ銀河の周りの200個ほどの球状星団の色です。調べてみると北西側にある球状星団の方が南東側にある球状星団よりも明らかに赤いものが多いことが確認できました。これは銀河円盤越しにその奥に見える球状星団が星間塵(星々の間にただよう小さな塵)による光の吸収赤化効果で赤く見えるためです(図5-3)。これは夕焼けが赤く見えるのと同じ現象です。こうして、1985年にM31は北西側が我々に近い側だと確実に結論できたのです。

この結果は、1943年のハッブルの推定が正しかったことを裏付けていました。そしてこの論文で、「星雲の渦巻は巻込み型である」と、論争に決着をつけることができたのでした。

そして、ハッブル宇宙望遠鏡――喜びから絶望へ

1990年4月24日、ハッブル宇宙望遠鏡が打ち上げに成功したのは、「まえがき」で記したとおりです。望遠鏡は長さ13・1m、重さ11トン、主鏡の直径は2・4m。筒形で、なかに反射望遠鏡をおさめています。地球の大気のゆらぎに妨げられないでシャープな画質の写真を撮影し、大気中での吸収のために地上には届かない一部の赤外線や紫外線を宇宙空間から観測できるようになる、という期待を背負っていました。

しかしじつは、ハッブル宇宙望遠鏡は当初の予定よりも大幅に遅れての打ち上げになりま

した。１９８６年にスペース・シャトル「チャレンジャー号」が打ち上げ直後に空中分解し、7名の乗員が亡くなったからです。乗員区画は分解時の衝撃(しょうげき)には耐(た)えたはずなので、乗員は海上に落下するまで生きていた可能性があると言われています。悲惨(ひさん)な事故でした。

ですから、ハッブル宇宙望遠鏡を載せて打ち上げられたスペース・シャトル「ディスカバリー号」が予定どおり高度５６０㎞の地球周回軌道に載ったときには、関係者一同、ほっと胸をなで下ろしました。翌日には宇宙飛行士がロボットアームを操作してハッブル宇宙望遠鏡を格納庫(かくのうこ)から取り出して宇宙空間に無事投入します。様々なテストを済ませて、待ちに待った最初の撮影を行ったのは、打ち上げから約１か月後の5月20日のことでした。

ところが喜びもつかの間、届いた画像を見たケネディ宇宙センターの関係者は、あわて始めます。なんと、どんなに望遠鏡の焦点(しょうてん)を合わせようとしても、ピンぼけの画像しか撮れなかったのです。20年に及ぶ準備と約１兆円を超す予算をかけたのに……。関係者の落胆(らくたん)は大変なものでした。ハッブル宇宙望遠鏡の失敗はマスコミにも厳しく批判され、ＮＡＳＡは苦境に陥(おちい)ってしまいました。

特注メガネで大逆転！

嘆いていても、問題は解決しません。ピンぼけの原因を徹底的に調査した結果、主鏡の形が本来の正しい形より、ほんのちょっとずれていたことが半年後に確認されました。正しい形からのずれは主鏡の端でわずか0・0022㎜でしかありませんが、その結果は深刻なものでした。

幸い原因が分かったので、ずれの影響を打ち消す補正レンズが製作されました。いわば視力回復のための「特注メガネ」です。3年後の1993年12月にスペース・シャトル「エンデバー号」に乗った宇宙飛行士がハッブル宇宙望遠鏡を軌道上で回収して、この「特注メガネ」を取り付けることに成功したのです(口絵3)。ちょうどこの時、私も新型CCDカメラの開発の打ち合わせのためカリフォルニア州パサデナ市にあるジェット推進研究所を訪れていましたが、打ち合わせを一時中断して、皆で研究所本館のロビーに掲げられた大型テレビで宇宙飛行士が補正メガネを取り付ける様子をはらはらしながら見守ったものです。

じつは、あまり知られていないことですが、ハッブル宇宙望遠鏡の初期トラブルは、もう一つありました。望遠鏡がふらふらとゆれて、ねらいが定まらないのです。原因は太陽電池パネルの振動でした。地球を95分ごとに周回するハッブル宇宙望遠鏡は、地球の影を出入りするたびに温められたり冷やされたりします。このため太陽電池パネルが伸縮してたわみ、ゆれが生じます。空気抵抗のない宇宙空間では、ゆれがなかなか収まらないのです。ＮＡＳＡはゆれにくい新しい太陽電池パネルをつくり、補正メガネの装着時に太陽電池パネルも交換したのでした。

　修理を終えた宇宙望遠鏡から送られてきた写真を見た関係者は皆、思わず息をのみました。そこにはこれまで見たこともないほど鮮明な画像が写し出されていたのです(口絵4)。

　こうして、ハッブル宇宙望遠鏡は生き返り、その後多くの発見が続くことになりました。２０１６年で打ち上げから26年目を迎えましたが、スペース・シャトルによる合計5回の保守作業で観測装置を新しいものに替え、故障の修理をして、成果をあげ続けています。

　口絵2で紹介した「ハッブル・ウルトラ・ディープ・フィールド」の観測は、ハッブル宇宙望遠鏡による最大の成果のひとつと言われています。筆者と同時期に欧州南天天文台で客員として滞在し、宇宙望遠鏡科学研究所長となっていたロバート・ウィリアムズが、所長裁量の観測時間を集中投入して始めた観測計画が引き継がれたものです。８００枚の画像を重ねて2004年に得られ、100億光年以上の遠方の銀河が1万個以上写っています。

地上からの観測では不可能だった、おとめ座の銀河団の中のセファイド型変光星の測定もハッブル宇宙望遠鏡によって実現し、ハッブル定数Hの値もかなり正確に決まりました。また、小柴昌俊先生のノーベル賞受賞で有名になったニュートリノという素粒子(そりゅうし)がありますが、そのニュートリノの発見につながった超新星1987Aの残骸(ざんがい)が広がって行く様子も、ハッブル宇宙望遠鏡によって見事にとらえられました。現在では、ハッブル宇宙望遠鏡はアポロ11号による月着陸と並んで、NASAの成功の象徴とされているのです。

晩年は不本意なことも多かったハッブルですが、もしも自分の名を冠(かん)した望遠鏡が宇宙空間で地球の周りをまわりながら、誰も見たことのなかった遠い宇宙の銀河の画像を地球に送り続けていることを知ったなら……。きっと驚き、喜ぶことでしょう。

ライマンアルファ銀河の発見

ハッブル宇宙望遠鏡が打ち上げられたあとにも、地上では8mクラスの大型望遠鏡が次々と完成しました。なかでも宇宙論の観測で大活躍したのが、日本がハワイに建設した主鏡の

図5-4　ハワイのマウナケア山頂上にある，すばる望遠鏡(国立天文台ハワイ観測所)．ファーストライトは1999年，大型光学赤外線望遠鏡で主鏡の口径は8.2 m

有効口径8.2mの「すばる望遠鏡」です(図5-4)。

すばる望遠鏡は欧州留学から1984年に帰国した筆者が、小平桂一東京大学助教授(後に国立天文台長)の命を受けて立ち上げた勉強会で、その内容を練り上げたものでした。1991年から建設が始まり、完成したのは1999年でした。さまざまな観測が可能でしたが、日本の銀河研究者グループは一致協力して、他国の天文学者ができないような観測をすることを議論しました。その結果、宇宙の広い範囲を奥深くまで観測する計画を、柏川伸成さん(現国立天文台准教授)をリーダーとして実行することになりました。

明るい星がない天域を慎重に選び、長時間露出して宇宙の奥深くまで撮影します。青いフィルターから赤いフィルター、さらには赤外線用のフィルターなど多数のフィルターを使って撮影することで、遠い銀河の色を詳しく調べることができます。銀河のモデルから色が赤方偏移に応じてどう変わっていくかを予測できるので、写った銀河の距離を推定することができます。

じつは、これはまさにハッブルが5m望遠鏡で実行しようとしていた観測の現代版でした。2002年から始めた「すばる深宇宙探査計画」と名づけられた組織的な観測では、ライマンアルファ銀河を探すための特製フィルターを用いた撮影を行い、3年後にはその観測データの解析から赤方偏移4.8(124・1億年前)、5.7(126・5億年前)、6.6(128・2億年)の時代の宇宙のライマンアルファ銀河の様子が詳しくわかり始めたのです。

筆者は、さらに遠い銀河を探す観測に挑戦するための専用フィルターを独自に開発することにしました。海外のメーカーには「技術的に困難」と断られましたが、日本の光学メーカーが2年間試作を重ねてなんとかできあがり、2004年と2005年にすばる深宇宙探査領域を繰り返し撮影しました。

この画像の解析は東京大学の大学院生だった太田一陽(おおたかずあき)さん(現ケンブリッジ大学研究員)の学位論文のテーマとなりました。解析結果を柏川さんと私が検証し、ついに、2006年には赤方偏移6・964、距離にして128・8億光年かなたの銀河を確認することに成功しまし

順位	天体名	赤方偏移	距離（億光年）	論文	公表日
1	IOK-1	6.964	128.826	家ほか	2006.9.14
2	SDF ID1004	6.597	128.250	谷口ほか	2005.2.25
3	SDF ID1018	6.596	128.248	柏川ほか	2006.4.5
4	SDF ID1030	6.589	128.238	柏川ほか	2006.4.5
5	SDF ID1007	6.580	128.222	谷口ほか	2005.2.25
6	SDF ID1008	6.578	128.219	谷口ほか	2005.2.25
7	SDF ID1001	6.578	128.219	小平ほか	2003.4.25
8	HCM-6A	6.560	128.189	Hu ほか	2002.4.1
9	SDF ID1059	6.557	128.184	柏川ほか	2006.4.5
10	SDF ID1003	6.554	128.178	谷口ほか	2005.2.25

表5-1　最も遠い銀河トップ10（2006年9月14日時点）．本書では，銀河の距離は宇宙年齢を137億年とするモデルによる値に統一．8位のもの以外はすべてすばる望遠鏡による発見．なお，IOK-1は2011年まで世界一だった

た（カバー図B）。

世界中の研究者が30年間探し求めてきたライマンアルファ銀河の観測が、こうして大いに進んだのです。

世界記録競争

人類が確認した最も遠い銀河となったこの天体を、英国の学術雑誌「ネイチャー」に発表した論文で、私たちは3人の頭文字を取って「IOK-1（アイオーケイワン）」と名付けました（表5-1）。それは功名心もありましたが、IOK-2やIOK-3も続々と見つかって、毎年自分たちで世界記録を更新し続けることができると考えたからです。

ところがIOK-2はなかなか見つからず、IO

K–1はそれから5年間にわたり世界記録であり続けました。2009年ごろには、トップ20位までがすべて、すばる望遠鏡による日本人の発見となったときもあります。その後も日米欧のグループの観測で、世界記録競争があり、2016年7月時点では赤方偏移8・68、距離130・8億光年のライマンアルファ銀河やさらに遠いと思われる銀河が見つかっています。

宇宙の夜明け

最遠銀河の発見競争は大変スリリングで、私たちも興奮しました。ですが、学術的により重要なことは「129億年前の時代を境に、それより昔になるとライマンアルファ輝線銀河が急に見えなくなる」という事実の発見でした(カバー図C)。

すばる望遠鏡による観測では、カバー図Cに示すように、ビッグバンから10・1億年の時代や、8.4億年の時代には数十個のライマンアルファ銀河が確認できたのに、7.8億年の時代にまで遡ると急にライマンアルファ銀河が見えなくなったのです。これは137億年の宇宙の歴史の中では約129億年前頃に何か特別なことが起こったことを物語っています。

この事実は次のようなシナリオを示唆(しさ)しています。ビッグバンから約38万年後に「宇宙の晴れ上がり」が起き、陽子と電子が結合して宇宙空間の物質は電気的に中性の水素原子が大半となります。宇宙膨張とともに宇宙の温度はどんどん冷えていき、ビッグバンから3000万年後にはドライアイス程度の冷たい宇宙となります。こうして宇宙は宇宙の晴れ上がりから最初の星が生まれるまでの間は宇宙に光る天体がないため、光のない「暗黒時代」となります。

ビッグバン後38万年の宇宙の姿を示すマイクロ波宇宙背景放射の温度分布には、10万分の1程度のごくわずかなゆらぎがあることが確認されていますが、このゆらぎはその後どんどん成長していきます。宇宙空間を満たしている物質は水素原子などの通常の物質と正体不明のダークマター(暗黒物質)からなりますが、ダークマターのほうが通常の物質より5倍ほど多いことがわかっています。

これらの物質の密度のゆらぎも成長していきます。やがてダークマターの密度の濃い場所に物質も集まり、最初の星々が生まれることになります。こうしてビッグバンから2〜3億年後には宇宙のあちこちで、原始的な銀河が生まれ始めたと考えられています。

原始銀河には太陽よりずっと重い星からずっと軽い星まで、さまざまな星がいっせいに生まれます。大質量星は温度も高く、強い紫外線を放射します。原始銀河が誕生すると、これらの銀河からの紫外線で、冷えきっていた宇宙が温められ、水素原子が再び電離するはずです。実際、現在の銀河間空間の物質はほぼ完全に電離していることが知られています。

銀河間空間の水素原子が電離すると、ライマンアルファ光子が中性水素原子で散乱されることがなくなるので、ライマンアルファ光子で見ていると宇宙が透明になるはずです。この現象を宇宙の再電離または「宇宙の夜明け」と呼びます。

ビッグバン直後に宇宙が冷えて中性化した現象を表す「宇宙の晴れ上がり」と紛らわしいのですが、「宇宙の夜明け」は宇宙が温められて再び電離した現象です。

すばる望遠鏡で宇宙を約１２９億年前まで遡るとライマンアルファ銀河が急に見えなくなったのは、この「宇宙の夜明け」の完了に踏み込んだからだと考えられます。宇宙背景放射の分析からも宇宙の再電離が起きたのは１３２億年前から１２９億年前までの頃だろうという分析結果が得られています。

なお、この再電離が短期間で起きたのか、じわじわと起きたのか、また宇宙全体でほぼ同時に起きたのか、場所で少し時期にずれがあったのか、という疑問が残りますが、これらについては今後の課題となっています。

宇宙初期の銀河の研究では、大内正己（おおうちまさみ）東京大学准教授のグループが２０１４年に１２９・３億光年の距離にある７つのライマンアルファ銀河の集団を発見したり、すばる望遠鏡で発見したライマンアルファ銀河に酸素ガスが存在した証拠を、井上昭雄（いのうえあきお）大阪産業大学准教授がチリの電波干渉計アルマで２０１６年に確認したりと、日本の研究者の活躍が続いています。

最初はハッブルかルメートルか？

さて、第３部で「科学史上の論争が最近あった」と記したルメートルの研究について、ここで紹介しておきましょう。

一般相対性理論を宇宙に適用した方程式から得られる膨張宇宙の解は、ロシアのアレクサンダー・フリードマンの１９２２年の論文や、ベルギーの神父でもあったジョルジュ・ルメートルの１９２７年の論文で発表されていたことは、科学史上有名な事実です。ただ当時は、アインシュタインの定常解とド・ジッターの膨張宇宙解に比べると、これらの業績はあまり知られていませんでした。

２０１１年６月、カナダのシドニー・ファン・デン・バーグは、ルメートルがブリュッセル科学会紀要に１９２７年にフランス語で発表した論文と、１９３１年に英国王立天文学会に掲載された英語版を比較して、奇妙なことに気づきました。それはフランス語版にあった本文の一部が英語版では削除されていて、しかもその部分こそハッブル定数の求め方を書いた重要な部分だったことです。ちなみにシドニー先生は筆者が最初に海外に長期滞在したときの受け入れ研究者でした。

この指摘に、それから約半年の間、いろんな憶測を交えたやりとりがあり、宇宙論研究者の間では盛り上がりました。一つはハッブルが宇宙膨張発見の功績を独り占めするため、ルメートルに圧力をかけて削除させたのではないかという説です。ハッブルが銀河の分類のオリジナリティについてルンドマークと激しくやりとりした経緯や、ハッブルが先行研究を十分に引用しない傾向があったこと、ウィルソン山天文台時代のハッブルのふるまいを知っている一部の天文学者には、この疑惑は大変興味をそそるものでした。もう一つは英国王立天文学会の編集部が圧力をかけ、翻訳者がこの部分を削除したのではないかという説でした。

２０１１年11月になって、イスラエルの天文学者マリオ・リビオが、当時の王立天文学会の編集長スマートとルメートルの書簡（しょかん）を発掘し、経緯を「ネイチャー」誌に発表しました。それによると英訳したのはルメートル本人であり、問題の部分の削除も本人の希望でなされたことが確認されたというのです。この件はこれで落着となりましたが、ルメートルがなぜこの大事な部分を削除したのか、その理由は明確ではないままになっています。

これからの観測的宇宙論

すばる望遠鏡と第1世代の8台の観測装置が安定して動き始めた２００２年頃から、筆者は次の望遠鏡の構想を練り始めました。すばる望遠鏡が動き始めたばかりなのにけしからんというお叱（しか）りもありましたが、すばる望遠鏡の検討開始から完成までに18年かかったことを踏まえると、次の望遠鏡を考え始めても決して早すぎないと考えたからです。筆者には、次々と大型望遠鏡を手掛けた、あのヘールの気持ちがよくわかるような気がします。

ですが、約４００億円で建設した8.2ｍすばる望遠鏡を、単純に大きくして30ｍ望遠鏡をつくると、建設費は概算でも1兆円を超してしまいそうです。次の望遠鏡をつくるとしたら国際協力を探るしかありません。こうして、カリフォルニア大学とカリフォルニア工科大学とカナダが進めていた30m望遠鏡「TMT（Thirty Meter Telescope）」計画グループと協議し、すばる望遠鏡のあるハワイのマウナケア山頂域に国際協力で建設することになったのです。

その後、中国とインドも加わり、2014年にTMT国際天文台を設立して建設を始めましたが、このTMTの完成時期は、2020年代後半になる予定です。

白色わい星の核爆発とされるIa型超新星がピーク時に一定の明るさになることを用いて遠い銀河の距離と後退速度を調べた結果、「宇宙膨張は宇宙自体の重力のために減速中である」というそれまでの常識とは異なり、宇宙は約70億年前からは加速度的に膨張していることが、1998年に突き止められました。宇宙の加速膨張を説明するのに必要な未知のエネルギーは「暗黒エネルギー」と名付けられましたが、未だ誰もその正体を説明できていません。

その後マイクロ波宇宙背景放射の分析からも同じ結果が得られていますが、どちらもいくつかの仮定とモデルを通した分析となっています。

宇宙は毎年137億分の1だけ大きくなっていますので、赤方偏移も137億分の1ずつ、大きくなっているはずです。TMTでさまざまな時代の天体の赤方偏移を精密に測定しておき、何年か後に再測定してその変化を読み取ることができれば、宇宙膨張の歴史を直接検証することができるはずです。

ＴＭＴは宇宙の一番星が生まれた時代も見に行くことができるでしょう。また、太陽系以外の惑星が数多く見つかっているなか、ＴＭＴ時代には地球型惑星が見つかり、その大気中に酸素やメタンガスなどの生命活動の状況証拠の存在が確認されているかもしれません。

ハッブルの時代とは異なり、宇宙の観測は可視光だけでなく、ガンマ線やX線、紫外線、赤外線、電波まで電磁波の全波長域で可能になり、宇宙線やニュートリノ観測、さらには重力波の観測など電磁波以外の信号をとらえる観測技術も広がっています。観測の手段が増えたことで宇宙のさまざまな姿が見えるようになってきています。観測天文学はさらに素粒子物理学や宇宙論の理論の分野とも深くつながるようになってきました。筆者の40年あまりの研究生活のなかでも、宇宙の理解は驚くほどの速さで進化してきました。

ハッブルの発見が当時の人々に驚きを与え続けたように、きっとこれからの宇宙の観測的研究も、私たちに新たな驚きをもたらしてくれるに違いありません。

あとがき

ハッブルは1924年から1929年のたった5年間で、渦巻星雲が私たちの銀河系の外にある巨大な恒星系であることを示し、宇宙がこれらの銀河からなり、全体が膨張しているという概念を確立しました。コペルニクス、ガリレオ以後、人類の宇宙に関する認識をこれほどまでに、しかも驚くほどの短期間で変えた天文学者はほかにはいません。

カリフォルニアの天文学者ジョー・ウォンプラー博士や故ウォラス・サージェント博士から、ハッブルのやや屈折したエピソードを聴いていた私は、以前から20世紀最大の天文学者の伝記が日本で出版されていないのを残念に思っていました。

1995年に相撲好きのサージェント博士を東関部屋の朝稽古の見学にお連れしましたが、そのお礼として届いたのが、アメリカで出版されたばかりの伝記作家ゲール・クリスチャンセンによるハッブルの伝記でした。20世紀最大の天文学者の人生には、意外なエピソードが満載で、同じ職業の筆者にはおおいに共感するところも多く、日本の皆さんにも親しんでもらえるハッブルの伝記を書いてみようと思い立ちました。

　本書の構想については１９９０年代末から岩波書店の猿山直美さんに毎年「そのうち書きますよ」と言いながら、長い年月が経ってしまいました。その間、パサデナには3か月ごとに30m望遠鏡ＴＭＴ計画の協議に来ていたので、２００3年からはハッブルの資料があるハンティントン図書館の登録研究者として、ハッブルの書簡（しょかん）や観測日誌、グレースの3冊の旅行日記と手紙、資料を週末に閲覧（えつらん）してきました。貴重な資料は手袋をはめて、古い本の場合は装丁（そうてい）を傷めないように、見開き台座に載せて読みました。これらの作業は、天文学者としてすでに「伝説の人」になっていたハッブルの息遣（いきづか）いを感じられる貴重な体験でした。

　本書はそれらの資料に加えて、巻末に参考図書としてあげた伝記、およびハッブル自身が出版した96編の論文、さらには、カーネギー天文台のスティーブ・シェクトマン博士、ウィルソン山天文台の元技師のドナルド・ニコルソン氏、同じく元技師のクリストファー・パーセル氏、スライファーの孫のアラン・メルヴィン・スライファー氏、宇宙望遠鏡科学研究所元所長のロバート・ウィリアムス氏へのインタビューを参考に、今回ようやく完成したものです。

20年近くなった「そばやの出前」状況にもかかわらず、今回編集部の塩田春香さんに担当していただき、やっと刊行することができました。内容構成の助言や読者目線での読みにくい記述の改善では本当にお世話になりました。本書で登場する大内正己さんには原稿について有益なコメントをいただきました。また、ハンティントン図書館司書のアールストロムさん、ダン・レーヴィスさんと学芸員の方々にも深く感謝します。

本書を読んでくださった皆さんが天文学者ハッブルや宇宙の研究に興味を持ち、宇宙の謎を解き明かしたいと志す人が出てきてくれたら——20年かかった執筆の、最高の成果となることでしょう。

2016年7月

家 正則

岩波ジュニア新書の発足に際して

きみたち若い世代は人生の出発点に立っています。きみたちの未来は大きな可能性に満ち、陽春の日のようにひかり輝いています。勉学に体力づくりに、明るくはつらつとした日々を送っていることでしょう。

しかしながら、現代の社会は、また、さまざまな矛盾をはらんでいます。営々として築かれた人類の歴史のなかで、幾千億の先達たちの英知と努力によって、未知が究明され、人類の進歩がもたらされ、大きく文化として蓄積されてきました。にもかかわらず現代は、核戦争による人類絶滅の危機、貧富の差をはじめとするさまざまな人間的不平等、社会と科学の発展が一方においてもたらした環境の破壊、エネルギーや食糧問題の不安等々、来るべき二十一世紀を前にして、解決を迫られているたくさんの大きな課題がひしめいています。現実の世界はきわめて厳しく、人類の平和と発展のためには、きみたちの新しい英知と真摯な努力が切実に必要とされています。

きみたちの前途には、こうした人類の明日の運命が託されています。ですから、たとえば現在の学校で生じているささいな「学力」の差、あるいは家庭環境などによる条件の違いにとらわれて、自分の将来を見限ったりはしないでほしいと思います。個々人の能力とか才能は、いつどこで開花するか計り知れないものがありますし、努力と鍛練の積み重ねの上にこそ切り開かれるものですから、簡単に可能性を放棄したり、容易に「現実」と妥協したりすることのないようにと願っています。

わたしたちは、これから人生を歩むきみたちが、生きることのほんとうの意味を問い、大きく明日をひらくことを心から期待して、ここに新たに岩波ジュニア新書を創刊します。現実に立ち向かうために必要とする知性、豊かな感性と想像力を、きみたちが自らのなかに育てるのに役立ててもらえるよう、すぐれた執筆者による適切な話題を、豊富な写真や挿絵とともに書き下ろしで提供します。若い世代の良き話し相手として、このシリーズを注目してください。わたしたちもまた、きみたちの明日に刮目しています。（一九七九年六月）

家 正則

1949年生まれ．天文学者．TMT国際天文台日本代表，国立天文台名誉教授．東京大学助手，助教授，国立天文台助教授，教授を経て，現職．専門は銀河物理学．1999年にすばる望遠鏡をハワイに建設．2006年に世界記録となる距離129億光年の銀河を発見し，ハッブルの研究を最先端技術でフォロー．現在は次世代30m望遠鏡TMT建設を推進．著書に『すばる望遠鏡』，共著に『地球と宇宙の小事典』(いずれも岩波ジュニア新書)など．紫綬褒章の受章，日本学士院賞，東レ科学技術賞，仁科記念賞，文部科学大臣表彰など受賞．

ハッブル 宇宙を広げた男　　岩波ジュニア新書 838

2016年8月19日　第1刷発行

著　者　家(いえ) 正則(まさのり)

発行者　岡本 厚

発行所　株式会社 岩波書店
〒101-8002 東京都千代田区一ツ橋 2-5-5
案内 03-5210-4000　営業部 03-5210-4111
ジュニア新書編集部 03-5210-4065
http://www.iwanami.co.jp/

印刷・理想社　カバー口絵・精興社　製本・中永製本

ISBN 978-4-00-500838-4　　Printed in Japan

 ハッブル関連年表 

年	歳	できごと
1889		11月20日、第3子として、ミズーリ州マーシュフィールドで誕生
1897	8	祖父が自作の望遠鏡をプレゼント
1899	10	皆既月食を見る
1901	11	ホィートンに転居し14歳のクラスに編入
1906	16	ホィートン高校を卒業、シカゴ大学に入学
1908	18	**リービットがセファイド型変光星の周期光度関係を発見**
1909	20	家族がケンタッキー州シェルビービルに転居
1910	21	シカゴ大学卒業、オックスフォード大学留学(1913年まで)
1912	22	**スライファーがアンドロメダ大星雲の速度測定**
1913	23	父の死、ニュー・オルバニー高校のスペイン語教師となる
1914	24	アメリカ天文学会に初参加しスライファーの講演を聴く、シカゴ大学大学院生、ヤーキス天文台助手になる
		アインシュタインが一般相対性理論を発表
1916	26	ヘールからウィルソン山天文台での職を得る
1917	27	シカゴ大学で学位取得、最初の論文を出版、ウィルソン山2.5m望遠鏡完成、第1次世界大戦に小佐で従軍(1919年まで)
1919	29	ウィルソン山天文台で研究開始
		エディントンが日食観測で相対性理論検証
1920	30	**シャプレーとカーチスの大論争、**グレースと出会う
1921	31	グレースの夫が事故死
1922	32	銀河系内の星雲の研究論文、銀河の分類体系の研究(1926年まで)
1923	33	スライファー部会長に銀河の分類体系の提案、アンドロメダ銀河でセファイド型変光星を発見

1924	34	シャプレーへセファイド型変光星発見の手紙、グレースと結婚、「ニューヨーク・タイムズ」にハッブルの記事掲載
1925	35	ラッセルがハッブルの論文を天文学会で代読、アメリカ科学振興協会がハッブルに賞を授与、「ポピュラー天文学」4月号でハッブルの研究が紹介
1926	36	ウッドストック通りに新居完成、ルンドマークに怒りの手紙、アンドロメダ銀河の研究(1929年まで)
1927	37	アメリカ国立科学アカデミー会員に選出される
1928	38	訪英、英国王立天文学会会員に選出
1929	39	ハッブルの法則の論文発表
1930	41	**アインシュタインがパサデナに2か月滞在**
1931	41	ヒューマソンと最遠銀河の観測(1934年まで)
1934	44	銀河の分布の研究、米東海岸・英国・欧州を歴訪、母の死、オックスフォード大学から名誉博士号授与
1935	45	イェール大学でシリマン講義、コロンビア大学からバーナードメダル受賞
1936	46	5mガラスをパサデナ駅で検収、『銀河の世界』を出版、米東海岸・英国歴訪
1937	47	太平洋天文学会が彗星1937gの発見に金賞を授与
1938	49	太平洋天文学会ブルース金メダルを受賞、フランクリンメダルを受賞
1940	50	英国王立天文学会から金メダルを授与
1941	51	ヒトラーの脅威に対し英国を守るべきと講演
1942	52	アバディーン試射場の弾道研究所長(1945年まで)
1946	56	第2次世界大戦での弾道学研究に名誉メダルを受賞
1947	58	5m望遠鏡ファーストライト
1948	58	5m望遠鏡完成式典、「タイム」誌の表紙に登場

1949	59	5 m 望遠鏡で最初の写真観測、コロラド州で心臓発作
1950	60	観測に復帰
1953	63	ロンドンでダーウィン講義、銀河の変光星に関する論文発表、9 月 28 日、脳卒中で死去．享年 63 歳
1954		**グレースが全資料をハンティントン図書館に寄贈**
1961		**サンディッジが『ハッブル銀河写真集』を刊行**
1964		**ペンジアスとウィルソンがマイクロ波宇宙背景放射を発見**
1967		**パートリッジとピーブルスがライマンアルファ銀河の探査を示唆**
1981		**グレース 90 歳で死去**
1988		**ハンティントン図書館のハッブルの資料公開**
1990		**ハッブル宇宙望遠鏡打ち上げ**
1993		**ハッブル宇宙望遠鏡ピンぼけ改修**
1998		**Ia 型超新星の観測による宇宙の加速膨張の発見**
1999		**ハワイ島マウナケア山頂に日本のすばる望遠鏡完成**
2006		**すばるグループがライマンアルファ銀河から宇宙の夜明けの時期を解明**
2014		**次世代 30 m 望遠鏡 TMT 建設のため TMT 国際天文台を設立**

参考図書

1. “Edwin Hubble：The Discoverer of The Big Bang Universe”, Alexander Sharov and Igor Novikov
英訳版 Vitaly Kisin, Cambridge University Press(1993), ISBN 0-521-41617-5
2. “Evolution of the Universe of Galaxies”, Edwin Hubble Centennial Symposium ed. R. G. Kron, ASP Conference Series Vol. 10, pages 2-14.(1990), ISBN 0-937-707-28-7
3. “Edwin Hubble：Mariner of the Nebulae”, Gale E. Christianson, Farrar, Straus and Giroux(1995), ISBN 0374146608
4. “Edwin Hubble：Discoverer of Galaxies”, Claire Datnow, Enslow Publisher Inc.(2006), ISBN 978-0-7660-2791-6
5. “The Day We Found the Universe”, Marcia Bartusiak, Pantheon(2009), ISBN 978-0-307-27660-5
邦訳『膨張宇宙の発見　ハッブルの影に消えた天文学者たち』長沢工・永山淳子訳，地人書館，2011年，ISBN 978-4-8052-0836-6
6. “Discovering the Expanding Universe”, Harry Nussbaumer and Lydia Bieri, Cambridge University Press(2009), ISBN 978-0-521-51484-2
7. “The Space Telescope: A Study of NASA, Science, Technology, and Politics”, Robert W. Smith, Cambridge University Press(1993), ISBN 978-0-521-45768-2
8. “The Realm of the Nebulae”, Edwin Hubble, Yale University Press(1936)

邦訳『銀河の世界』戎崎俊一訳，岩波文庫，1999年，ISBN 4-00-339411-9

9. "Centennial History of the Carnegie Institution of Washington Vol. I", Allan Sandage, Cambridge University Press(2008), ISBN 978-0-521-83078-2

10. "Man Discovers the Galaxies", Richard Berendzen, Richard Hart, Daniel Seeley, Columbia University Press (1984), ISBN 0-88202-023-4

邦訳『銀河の発見』高瀬文志郎・岡村定矩訳，地人書館，1976年，ISBN 4-8052-0134-7

図の出典(出典別)

- ハンティントン図書館：カバー写真(参照コード HUB 1033(11). 1部扉, 図1-4から図1-8, 図1-11, 2部扉, 図2-6, 図2-7, 図2-11から図2-13, 図2-16(左), 3部扉, 4部扉, 図4-4, 図4-5, 図4-7, 図4-8, 図4-13から図4-16(グレースの日記(ハンティントン図書館所蔵)から筆者撮影), 図4-18. 参照コード HUB の図はすべて同様
- カリフォルニア工科大学アーカイブ：図2-1(参照コード Cal Tech Archive10.13-4), 図3-8(上, 下)(1.6-16, 10.13-12), 図4-2(10.17.2-2). 以下同様
- カーネギー天文台写真集：図2-2(参照コード COPC 2911), 図3-4, 図3-7, 図3-8(中), 図4-17. 以下同様
- 参考図書8：図2-8, 図2-9
- NASA：口絵2から口絵4と5部扉
- Lena James Jump, 参考図書3より転載, 図1-2, 図1-3
- シカゴ大学図書館：図1-9, 参照コード apf6-00393
- ヤーキス天文台画像図書館ホームページ：図1-10
- AIP Emilio Serge Visual Archive：図2-3
- リック天文台アーカイブ：図2-4
- Astrophysical Journal(ApJ.)：図2-10(64巻, 321頁), 図2-14(69巻, 103頁), 図2-15(57巻, 264頁), 図3-6(83巻, 10頁), 図4-9(100巻, 137頁)
- Publication of Astronomical Society of Japan(PASJ)：図5-2(30巻, 343頁)
- Astronomy and Astrophysics(A & Ap)：図5-3(144巻, 471頁)

・PNAS(Proceedings of National Academy of Sciences)
図3-5(15巻，168頁)

図4-11 『ハッブル銀河写真集』

図5-4 国立天文台